U0595645

手 绘 表 现 技 法 丛 书

产 品 手 绘 效 果 图 ■

张克非 著

HAND-DRAWING
ILLUSTRATION
FOR
PRODUCTS

北方联合出版传媒(集团)股份有限公司

辽宁美术出版社

图书在版编目（ＣＩＰ）数据

产品手绘效果图 / 张克非著. —— 沈阳：辽宁美术
出版社，2014.5（2016.3重印）
（设计与手绘丛书）
ISBN 978-7-5314-6367-2

Ⅰ. ① 产…　Ⅱ. ① 张…　Ⅲ. ① 产品设计－绘画技法
Ⅳ. ① TB472

中国版本图书馆CIP数据核字(2014)第096173号

出 版 者：辽宁美术出版社
地　　址：沈阳市和平区民族北街29号　邮编：110001
发 行 者：辽宁美术出版社
印 刷 者：沈阳绿洲印刷有限公司
开　　本：889mm×1194mm　1/16
印　　张：8.5
字　　数：110千字
出版时间：2014年5月第1版
印刷时间：2016年3月第2次印刷
责任编辑：肇　齐　童迎强
封面设计：范文南　洪小冬
版式设计：周雅琴
技术编辑：鲁　浪
责任校对：李　昂
ISBN 978-7-5314-6367-2
定　　价：65.00元

邮购部电话：024-83833008
E-mail:lnmscbs@163.com
http://www.lnmscbs.com
图书如有印装质量问题请与出版部联系调换
出版部电话：024-23835227

前言

产品的设计表现是设计师通过各种手段表达自己各阶段的设计成果，其表现手法多样。其中产品设计快速表现是产品表现形式的一种。产品设计快速表现是设计师使用的特殊语言，是设计领域的沟通工具，是新产品的推广手段。

本书涵盖了画好产品手绘效果图的各个方面，包括工具的介绍、必要的透视知识和基础的表现技法、各种材质的表现、草图和透视图的绘制等，学会这些你可以更自信地画出精彩效果图。在学习过程中，我们往往会进入两种误区：1.只注重理论，而疏于动手；2.埋头作画，而不善于学习书本知识和总结经验，这两种都不是高效的学习方法，只有理论与实践紧密结合，才能得到快速、有效的提高。使个人水平达到一个新的台阶。

在学习过程中，我们主要着重的难点是：线条、透视和色彩。一个简单的形体，表现在图上时往往只有几根线条，但是简简单单的几根线都包含着诸多意义，比如：结构、透视、光影……它们之间的关系是极其复杂的。快速表现的用笔、着色上都讲究简练、快捷，因此，在线条、色彩上都作了高度的提炼。初学者不要只看到一些表面上的东西，简单地模仿线条和色彩，要多想、多看、多练、多总结自己的经验，长此以往，必能画出精彩的设计作品。

张克非

2007年岁末于沈阳

目录

第四章　优秀设计表现图欣赏　85

第三章　马克笔效果图表现技法　59

第二章　快速草图的表现技法　25

第一章　导言　05

第一章 导言

第一节 产品设计过程和效果图表现工具

第二节 效果图的表现内容和表现风格

INTRODUCTION

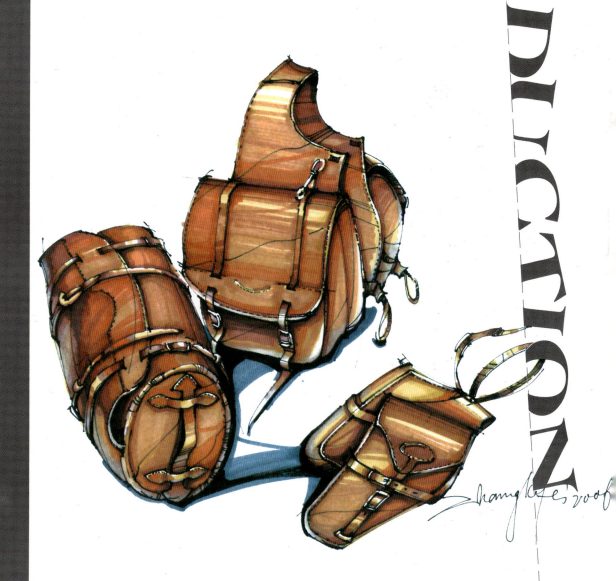

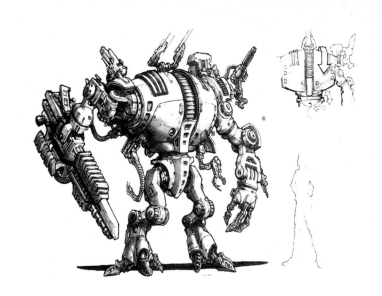

第一章　导言

手绘效果图是一种设计语言的表达方式，是设计师必须具备的能力，是表达设计构思与创意的手段。

手绘效果图从最初的产品创意开始就一直伴随着设计师，它反映了设计的及时性和方便快速性，是电脑效果图不可比拟的。同时，手绘效果图对于训练和提高设计师的艺术修养和表现技能有着直接的作用，是每个设计师不可忽视的重要技能之一。

如何画好设计效果图：

1.画小草图：小草图有助于你整体把握色调和布局，而且用时少，方便修改。为画好成稿做充分准备。

2.空间留白：不要把画面画得过满，要留有余白，讲究负形的美感，以留白取胜，以无求有，人眼观察事物是先看到白色，再看到黑色，留下足够的白色空间会增加画面的吸引力。也不要在一幅画上用时过多，不要苛求完美，即使最好的效果图也会有可改进之处，不要画蛇添足，很多效果图因为过分表现而失败。如果不用那么多时间，画面效果或许会更好一些。效果图的四边要留出足够的空白，这样会使效果图有一种装饰框的感觉。

3.巧妙使用对比色：在绘制效果图的时候，画面主要颜色上加上少许它的互补色，会使画面颜色更加协调、生动。

4.颜色由浅到深画：在效果图中首先画最淡的色彩，逐渐发展到最深的色彩。人眼通常喜欢先看到浅色，从浅色先画是一个很好的表现方法。

5.理解透视的基本原理和结构：每个物体都有自己独特的结构，了解对象的结构是绘制好效果图的前提。要清楚地认识到每部分间的穿插关系、前后位置关系，当对象旋转后又会出现何种状态。除了这些还要知道对象在空间中的变化规律，即可透视。只有了解了这些，绘图时才能做到胸有成竹，举一反三。

6.光影：光影的表现是刻画对象的重要因素。单独表现物体的轮廓，而无光影的存在，那么物体只有平板的、不生动的。成组物体拥有共同的光源，因此它们有一致的明暗关系，并且相邻的物体之间都会有一定的阴影，处理好阴影就可以表现好对象的前后空间关系。

第一节 产品设计过程和效果图表现工具

产品设计过程表现实例:

从构思草图到正稿:包括接触、观察、感受、再在头脑中形成多幅画面,再将头脑中的画面表现在纸上,形成草图,经过筛选、综合、加工之后成为正稿。

第一阶段:用铅笔或针笔画出所设计产品的透视图——要多角度并有结构分析图,然后根据设计构想画出简单的色彩及质感。

第二阶段:在设计产品的详细尺寸确认后,画出三视图和电脑效果图。

第三阶段:根据上述所完成的设计图纸做出产品的实物模型。

手绘效果图的训练就是要将设计师脑、眼和手的工作状态有机地结合在一起。将脑子里形成的设计图像迅速地画在纸上,然后通过眼睛的观察评断画出的图像是否准确,如有问题再加以修正。

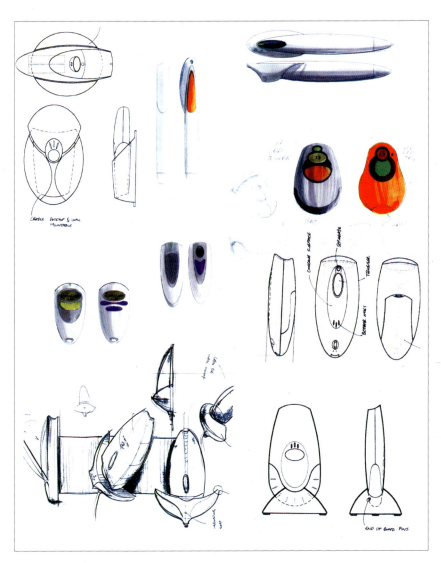

设计构思草图阶段

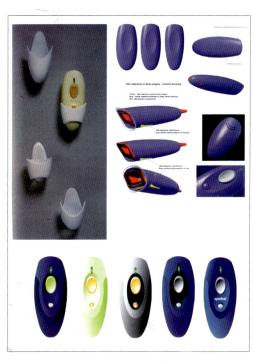

电脑模拟效果图和模型制作阶段

实物模型

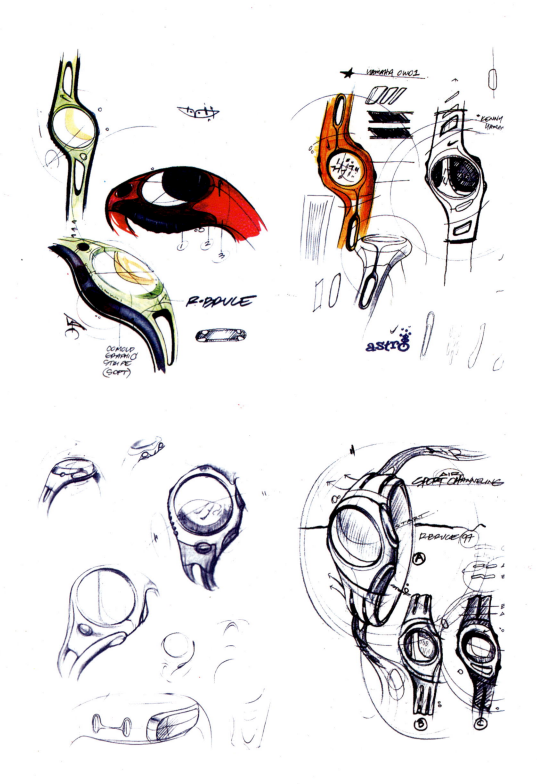

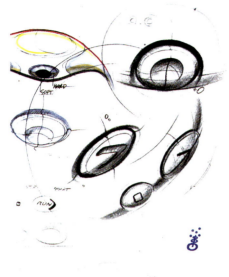

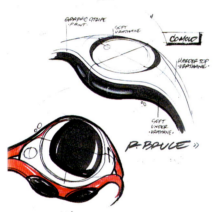

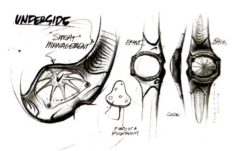

左图及上页:这些图体现了产品在大尺寸外形、人性化特征、握点、按钮位置、防汗对流设置及一体化表带等方面的研究和设计。

上图:该设计思路是在表带扣上加设一个心率检测器。阿斯特罗这样的设计反映出未来耐克产品可能的特色和趋势。

下图:Triax TM的演变

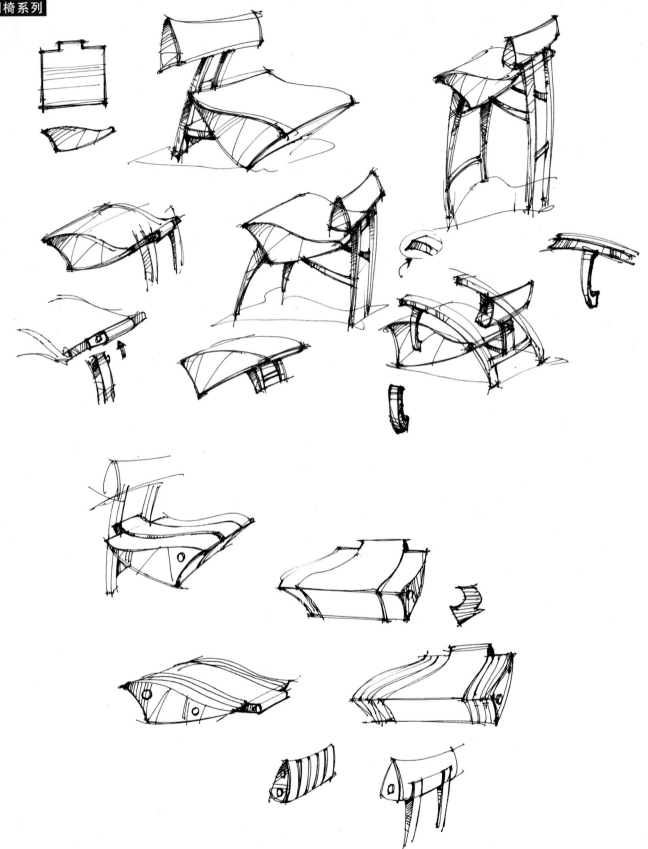

　　这是设计构思过程中的一组效果图。画出了产品的整体效果和局部结构形态的效果。线条流畅，用笔准确。用细笔画出明暗转折处的形态线，要有疏有密。用粗笔画出暗部的轮廓线和结构的转折线。

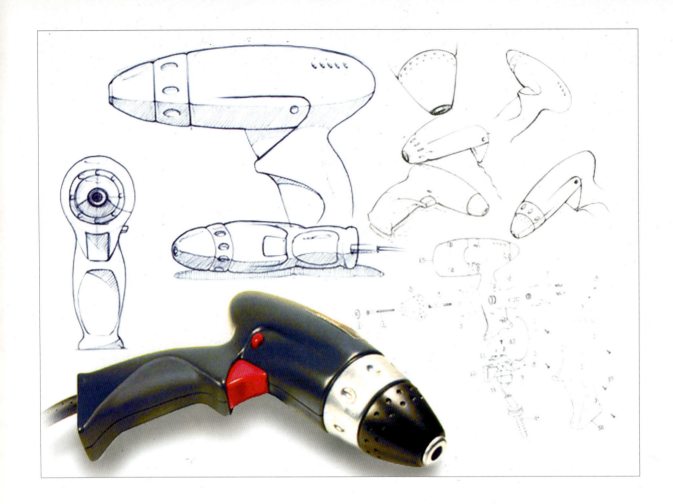

在设计的第一阶段手绘效果图的表现是非常重要的，它要求设计师将自己的设计构想完整清晰地表达出来。可能是一种概念，也可能是详细的形态和结构分析，所以画面效果表达得是否准确就显得非常重要，因为只有这样才能将设计师的想法清晰精准地表现出来。

手绘效果图是与客户沟通最直接，也是非常重要的表现方式。它可以让客户清楚地了解到设计的最终成品是什么样子的。你的设计能否被接受，效果图起着至关重要的作用。选择适合的工具与技法，就可以得心应手地向客户展现你的设计。

效果图表现工具的分类：

1. 干性工具：铅笔和色粉笔。

2. 半湿工具：墨和马克笔。

3. 湿性工具：水彩、喷笔和丙烯颜料。

专业绘图人员用得最多的工具是：铅笔、彩色铅笔、色粉笔、钢笔和淡墨、水彩、马克笔和喷笔。

钢笔和淡墨是最普遍也是最有效的黑白效果的绘制工具，它很容易结合其他工具使用；水彩、彩色铅笔、马克笔、喷笔都可以在钢笔和淡墨画出的线稿上面上色。

第二节 效果图的表现内容和表现风格

手绘效果图要表现的五项重要内容:

一、外部形态的准确表达和对结构分析过程的表现

关于产品效果图的外部形态表现要注意以下两个方面:

1.构图要选择能充分表现其外观特征的角度;

比如: 按人们习惯观察物体的角度即俯视或平视（根据物体的大小）选择画面的角度, 要将产品的主要部分放在画面的前方。

2.外形的透视和结构之间的比例要准确。

比如: 透视的效果要符合人们的视觉习惯, 不能过于夸张使产品的形态变形失真, 产品结构之间的比例要由大到小依次完成。

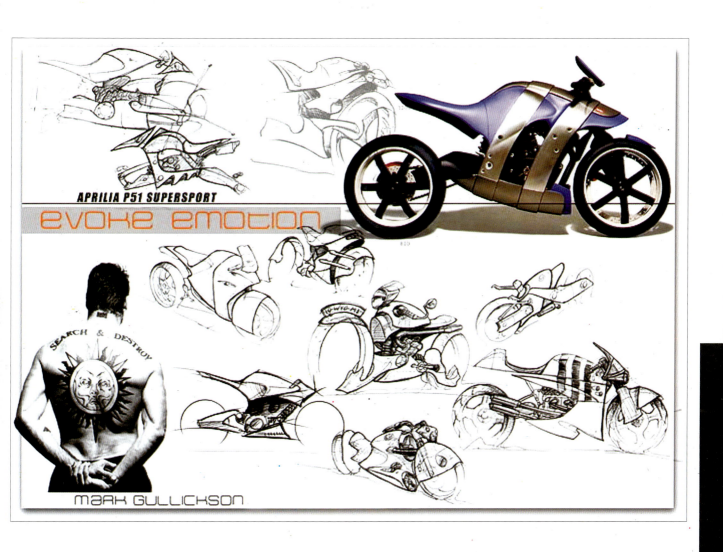

二、多角度地表现产品的外部形态

表现产品的外部形态要用多角度的方式表现：

1.挑选主要的视角进行重点表现；

2.配合主图画出其他角度的效果，也可根据需要画出局部结构的外观效果。

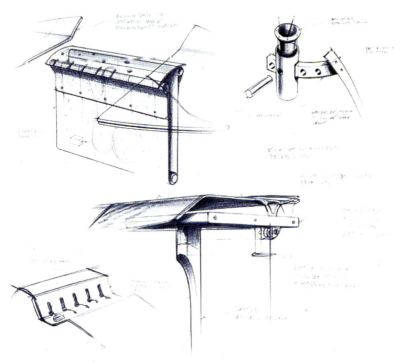

三、清晰地表现出产品结构及部件的设计效果

这是一个重要的设计分析表现过程：

1.就结构的主要部分进行分析和拆解的表现，在表现时可以将细节放大，便于看清结构。

2.要把结构之间接合的关系表达清楚，必要时还可配注适当的文字说明。

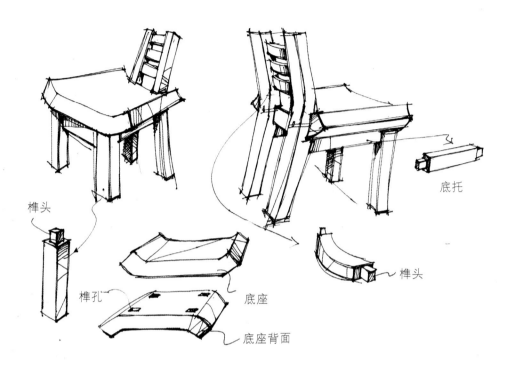

榫头

榫孔

底座

底座背面

底托

榫头

椅子的部件及结构表现

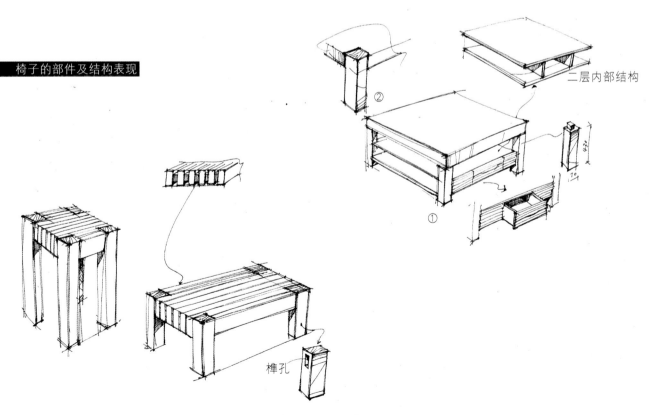

二层内部结构

①

②

榫孔

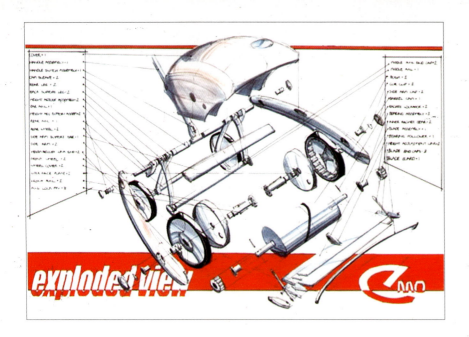

四、完整细致地表现产品使用功能的设计意图

　　将所设计产品的使用过程以分解的方式表现出来，这一步骤主要完成的是对产品功能的展示，将每一个功能的使用状态表达清楚。

五、真实地表现出产品的材质和色彩

手绘效果图不仅要表现产品的形态、功能和结构，还要用相应手法表现出产品的材质效果。

材质的表现可分为两个部分：一是单色的材质表现——用针笔或单一颜色的彩笔用一些简单的渲染手法将材质的特点表现出来；二是在单色渲染的基础上，以产品的固有色为主，加上适当光和环境的颜色，将产品的材质感生动真实地表现出来。

手绘效果图教学是通过培养学生运用眼、脑、手三位一体的协作与配合，达到对产品形态、材质的直观感受能力、造型分析能力、结构形态的表达能力、审美判断能力和准确描绘能力的训练。

这种训练的目的在于将产品的设计思路及过程及时准确形象地表现出来，然后对表现出来的图像进行判断分析，再进行反复修改，最后将设计阶段完成的效果表现出来。

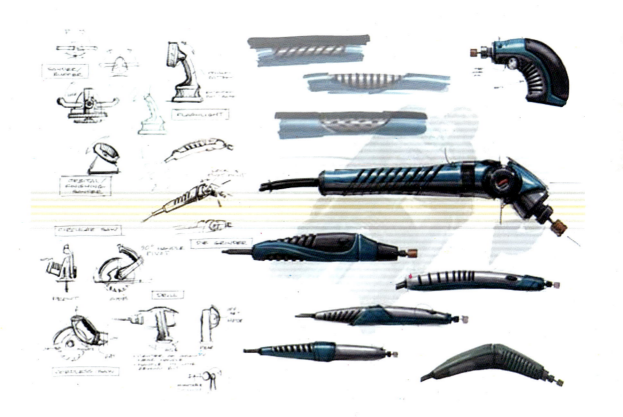

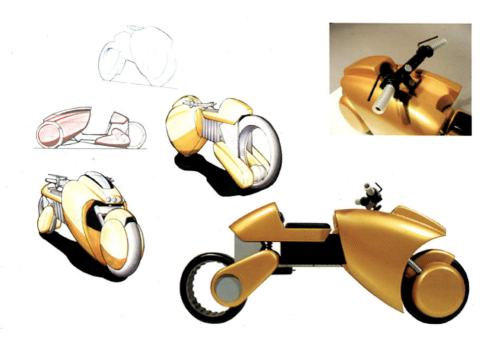

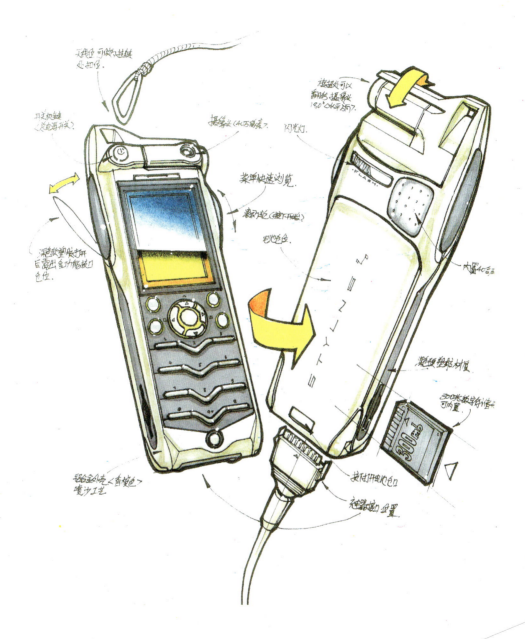

手绘效果图的表现风格

1.线条严谨型

其特点是整体画面没有多余的线条，每一条线都要求非常准确，用均匀的较粗线条画出结构外形轮廓，用较细的线画出内部结构线和形态转折线，着色重点在暗部和结构转折处，具有一定的装饰效果。

但此种风格起线稿过程一般需要经过修稿整理和相应的辅助工具来完成，作图时间较长。

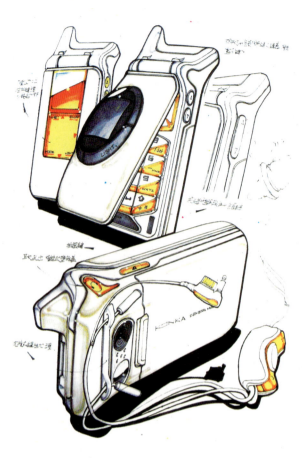

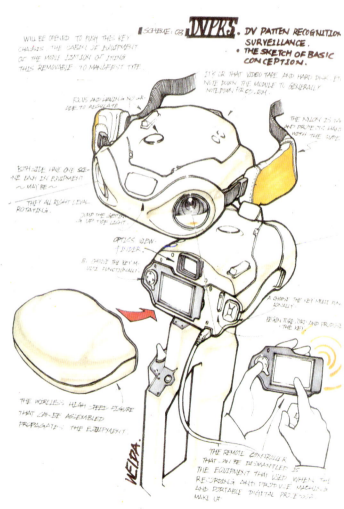

2.快速表现型

其特点是画面线条流畅，活泼自然，每条线都徒手完成，层次丰富，"谨"中有松、张弛适度，画面响亮，质感真实，适合设计师快速完成设计意图的表现。

但此技法要求设计师具有比较强的速写造型能力。

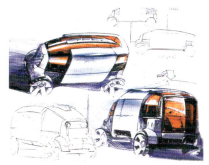

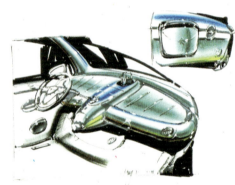

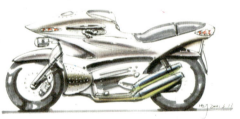

这种表现方法一般用于设计方案基本定稿后,借助工具长时间非常细致真实地将方案效果表现出来。

FAHRENHEIT 451

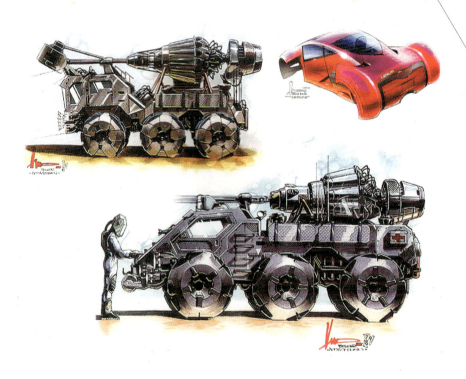

　　手绘效果图分为两种，一种是机械式地用直尺求透视，用墨笔勾线；另一种是徒手勾图，抛弃直尺，直接用墨笔勾线。前者是后者的基础，后者则是前者的升华；前者较易掌握，但用时间较多，后者快捷、省时，但不易掌握，后者画出来的线条更具吸引力，更适合表现产品。

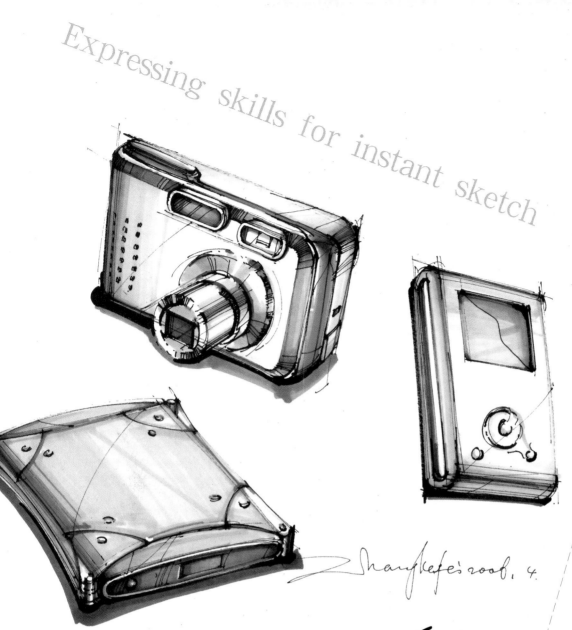

第二章 快速草图的表现技法

26

第一节 透视

4²

第二节 快速草图的绘制

50

第三节 快速草图的材质表现

第一节　透视

透视的三种角度

在开始作图之前，我们要考虑三件事：视点、物体的比例和图形的大小。我们在表现时可以从以下几方面考虑：当物体的宽度大于厚度时，适合用45°透视法，原因在于它能够为两个立面提供较好的图形而不显单调；当厚度和宽度几乎相等时，适合用30°~60°透视法，可以避免图形呆板，要表现物体的一个主要面时，比较适合用这种方法；而平行透视图主要用于画内部布置和街道景物。如果某物体过长，并需装配在一个狭窄的框架时，也不用此方法绘制。

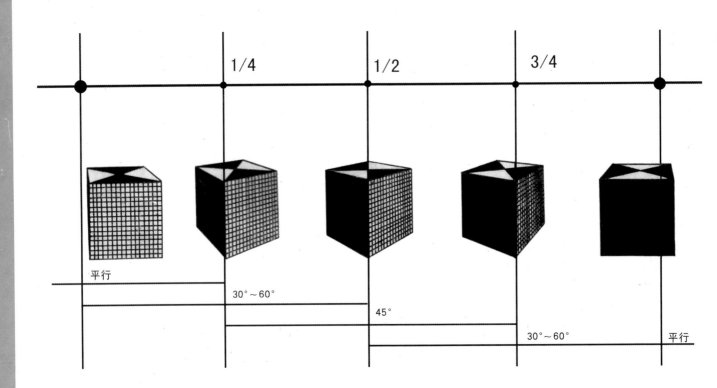

所谓透视，就是把三维的视角用二维的方式表现出来。通过它可以把设计的空间放在相关的环境中展示出来，一些设计上的问题可以得到及早的发现和处理。透视效果图的真实效果，可以让客户更好地理解将来的成品会是什么样子，它对于客户接受设计很有帮助。

在透视中一共有三种形式：一点透视、两点透视、三点透视。

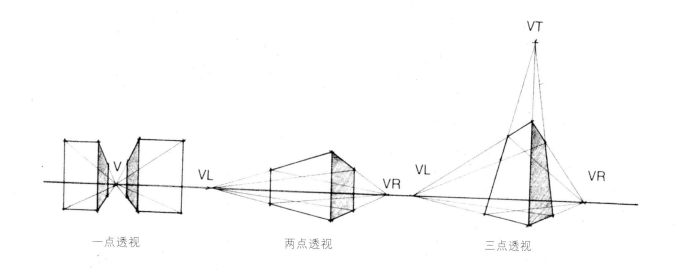

一点透视　　　　　　　　　两点透视　　　　　　　　　三点透视

　　一点透视：也叫平行透视，当一个正方体正对着我们，没有任何角度，它的上下两条边界与视平线平行时，消失点只有一个，它正面对着的就是消失点。一点透视最容易建构，但不如两点透视和三点透视那样有动感。

　　一点透视的画法

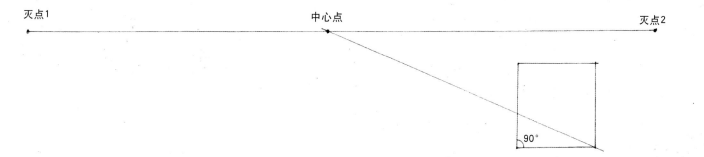

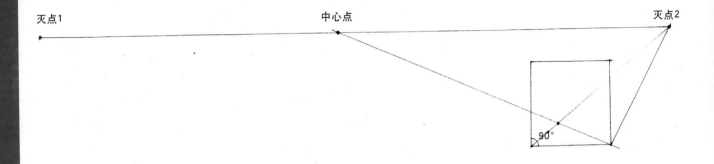

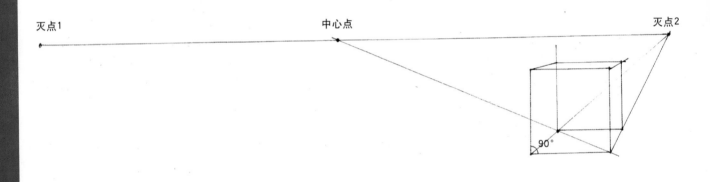

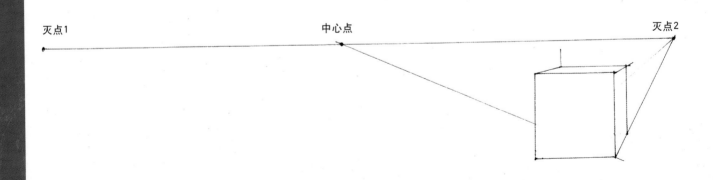

两点透视：也叫成角透视。对于产品设计来说，两点透视是最有效的表现方式，也是常用方式。当一个正方体斜放在我们面前，观者以一定角度观察对象，它的上下两条边边界就发生了变化，其延长线分别消失在视平线上的两个点。就出现了两点透视，它的绘制要比一点透视复杂。由于观察角度不同，可分为45°角和30°~60°角两种画法。

45°角两点透视的画法

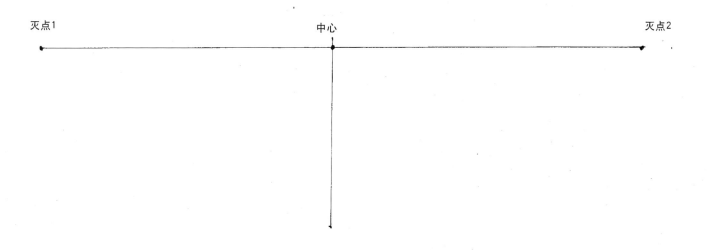

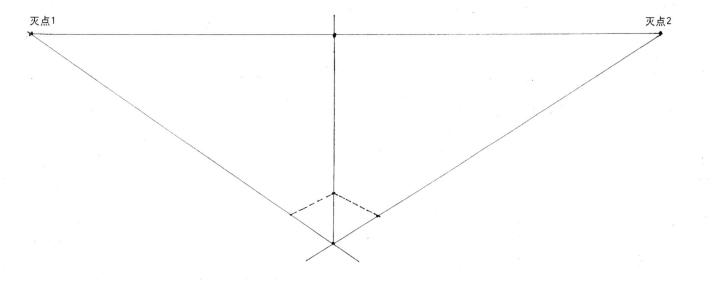

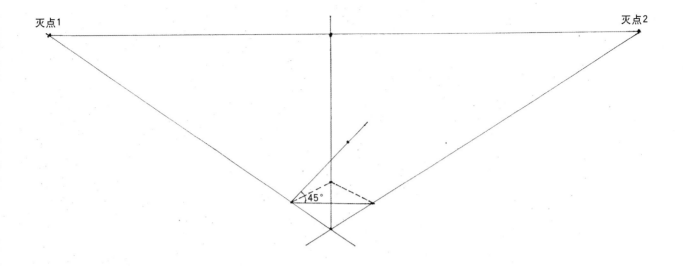

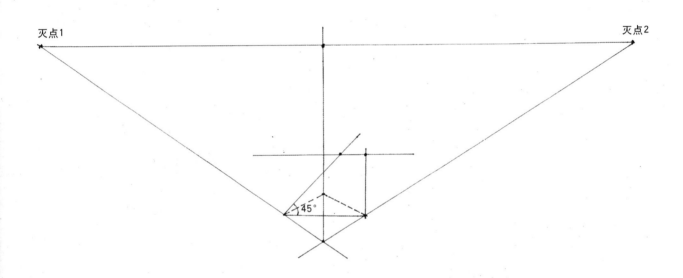

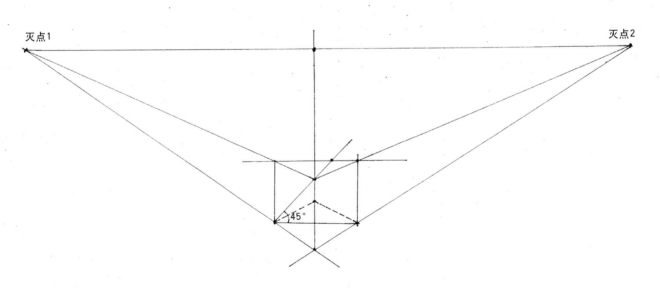

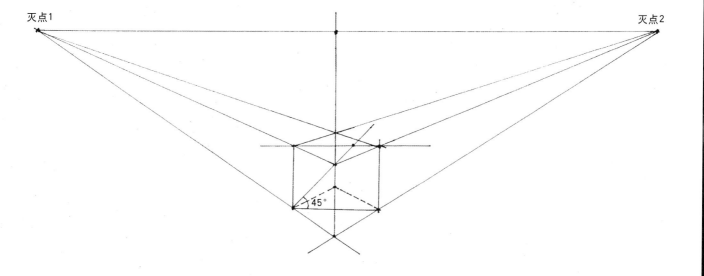

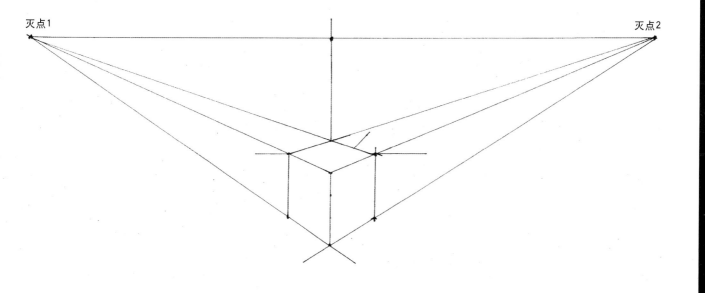

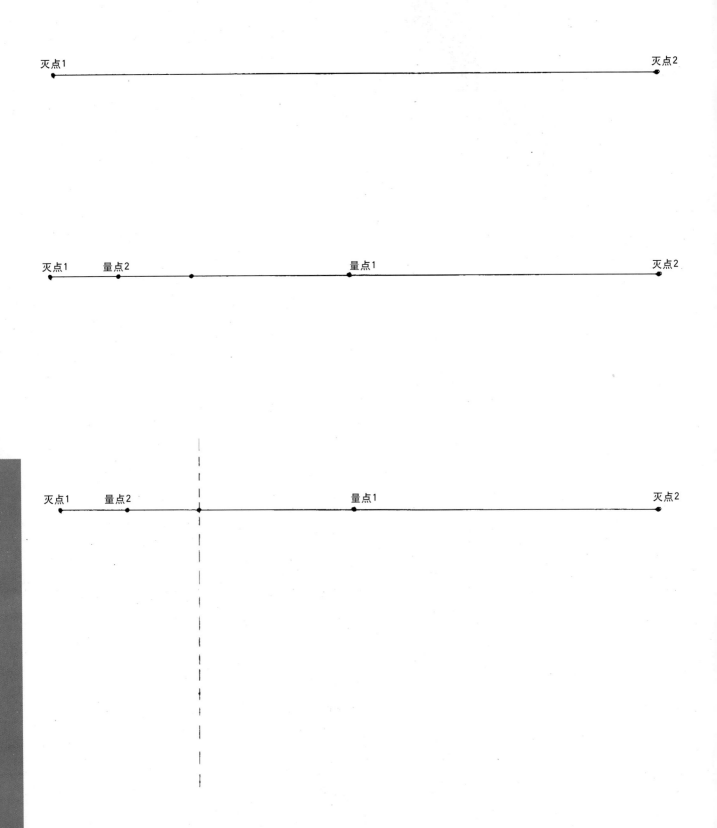

灭点1　　　　　　　　　　　　　　　　　　　　　　　　　　灭点2

灭点1　　量点2　　　　　　　　　　　量点1　　　　　　　　灭点2

灭点1　　量点2　　　　　　　　　　　量点1　　　　　　　　灭点2

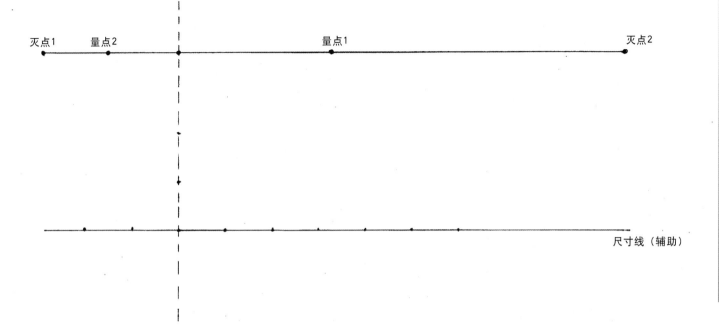

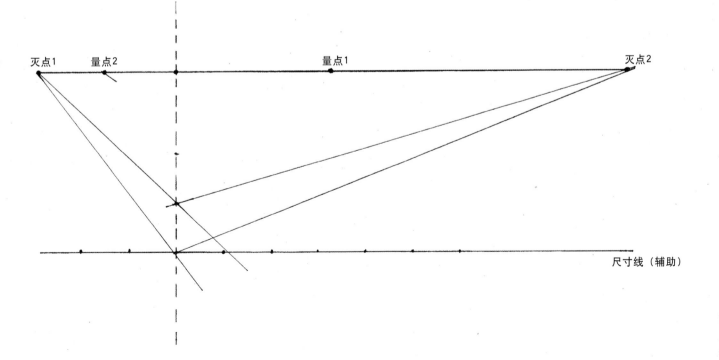

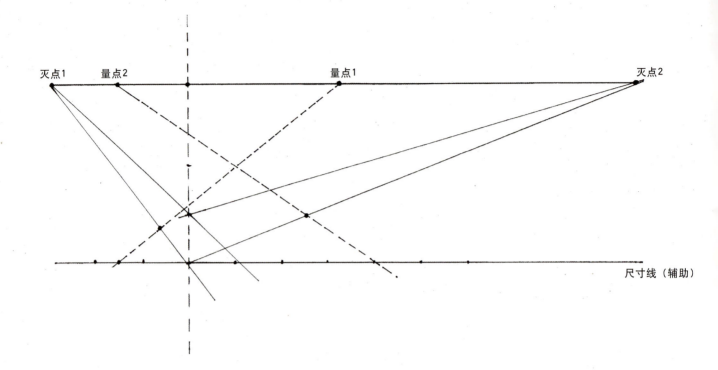

灭点1　　量点2　　　　量点1　　　　　　灭点2

尺寸线（辅助）

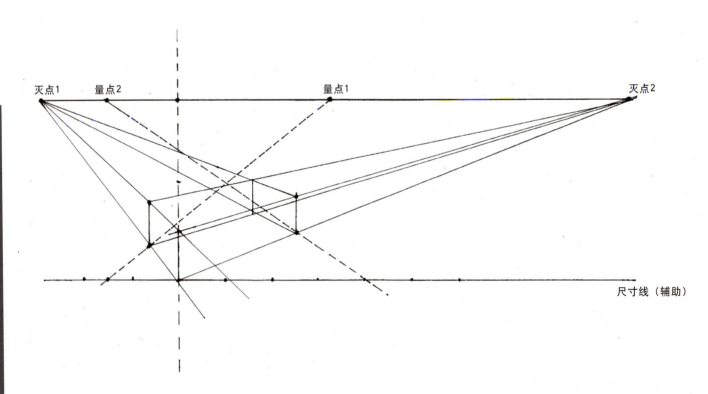

灭点1　　量点2　　　　量点1　　　　　　灭点2

尺寸线（辅助）

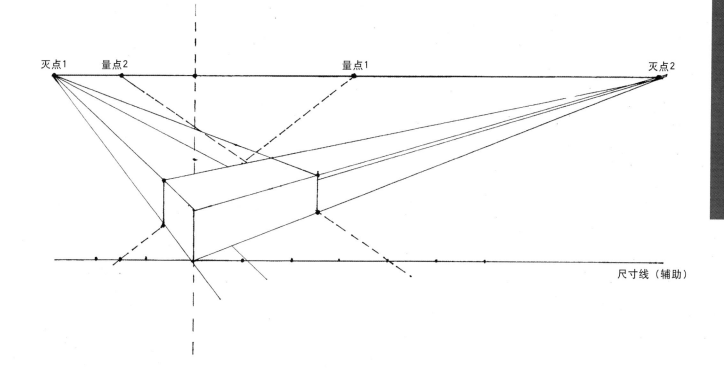

灭点1　　量点2　　　　　　　　　量点1　　　　　　　　　　灭点2

尺寸线（辅助）

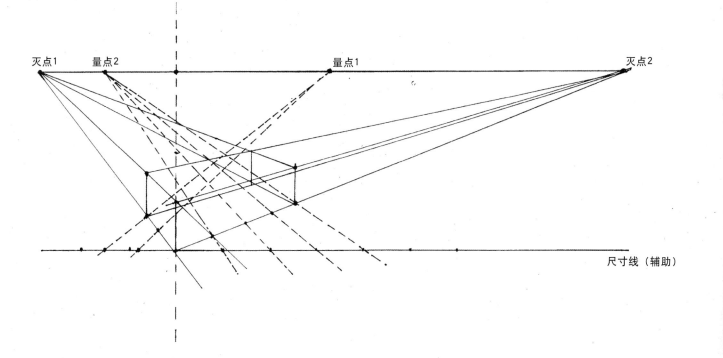

灭点1　　量点2　　　　　　　　　量点1　　　　　　　　　　灭点2

尺寸线（辅助）

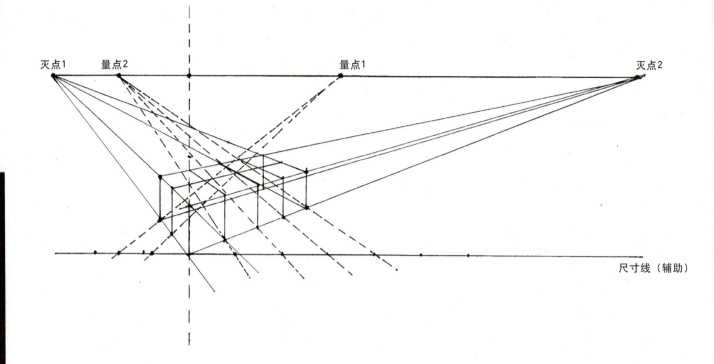

灭点1　　量点2　　　　　　　　　　　　量点1　　　　　　　　　　　　　　灭点2

尺寸线（辅助）

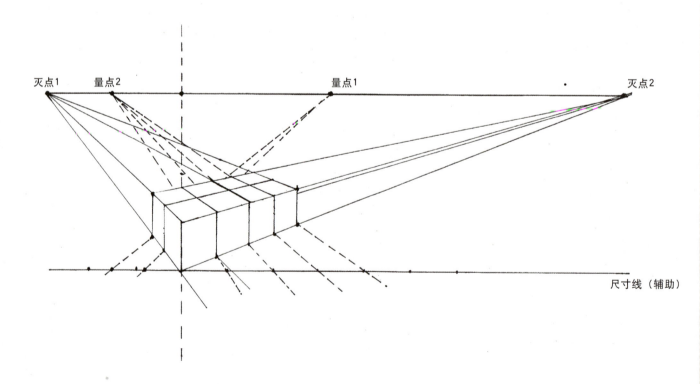

灭点1　　量点2　　　　　　　　　　　　量点1　　　　　　　　　　　　　　灭点2

尺寸线（辅助）

　快速草图的表现技法

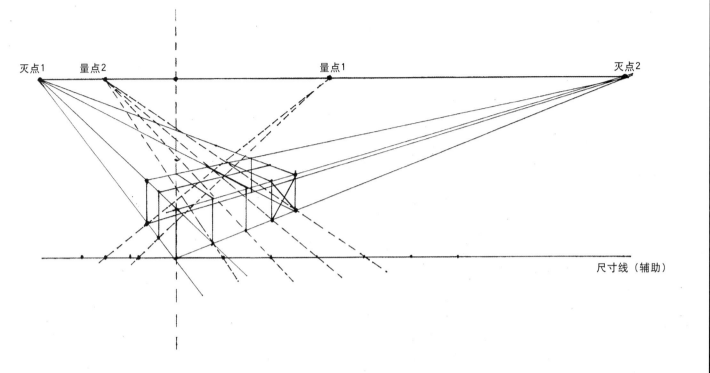

灭点1　　量点2　　　　　　　　量点1　　　　　　　灭点2

尺寸线（辅助）

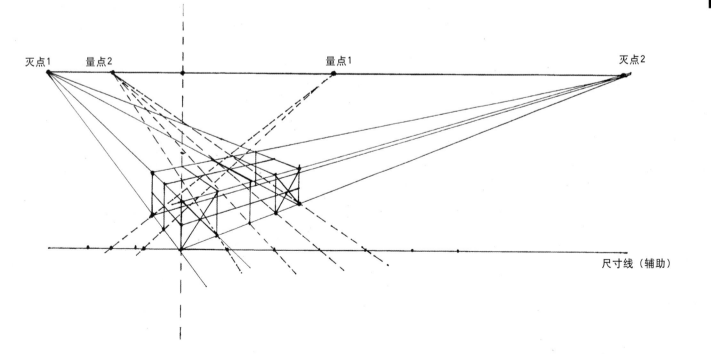

灭点1　　量点2　　　　　　　　量点1　　　　　　　灭点2

尺寸线（辅助）

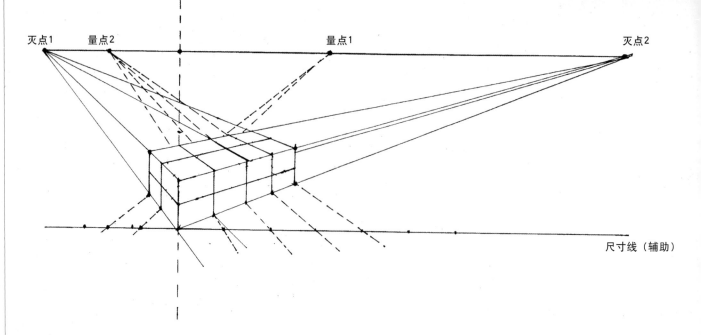

灭点1　　量点2　　　　　　　　　　　量点1　　　　　　　　　　灭点2

尺寸线（辅助）

三点透视：也叫倾斜透视。在现实生活中，人的眼睛所观察物体的角度，不可能都是一点透视、两点透视，那样只是平行观察物体，为了看视平线以上的物体，人们需要仰视，当站在高处向下看物体时需要俯视。在三点透视中，物体上下方的各边界与我们的视平线不垂直时，正方体各边延长线分别消失于三个点，形成三点透视，三点透视常用在建筑设计中，产品设计很少用到三点透视。

圆的透视

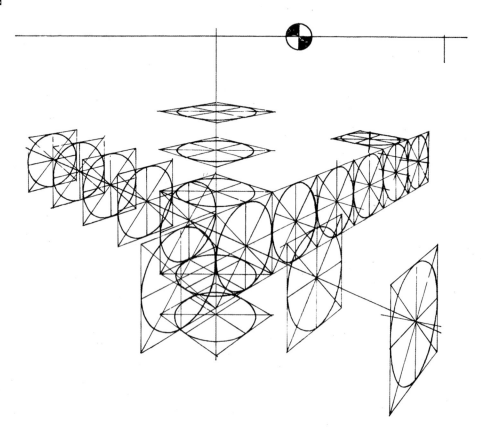

在产品设计中我们经常会碰到圆形物体，圆形物体的透视变化同正方体的规则是一样的，只是表现方式不同。任何物体，不管其形状如何，都可以分解成圆形和矩形的组合体。在前面我们已经学习了矩形的透视，在这里我们用正方形内切圆视图的方法来掌握圆形的透视。

画透视圆的方法

方法一：

1. 用透视画方形abcd，连接ac和bd，通过圆心o确定a_1、c_1、b_1、d_1的位置。

2. 确定ae的长度，要略少于ao长度的四分之三。用同样的方式确定f、g和h点。

3. 用圆滑的曲线徒手将a_1、f、b_1、g、c_1、h、d_1、e依次连接，完成透视图。

方法二：

1. 用透视画方形abcd，将直线ab和bc分成四个增量，根据这些增量，画出16个等大的方形。

2. 连接ab_1和ac_3，bc_1和bd_3，ca_3和cd_1，db_3和da_1。

3. 用圆滑的曲线徒手将a_2、b_2、c_2、d_2点与其他相交点依次连接，完成透视圆。

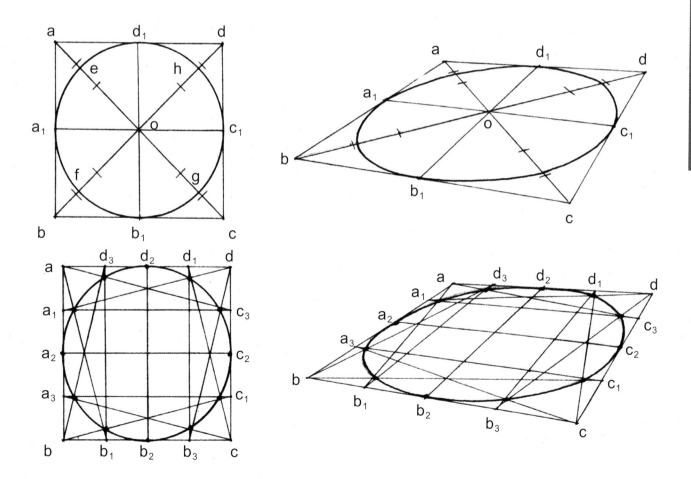

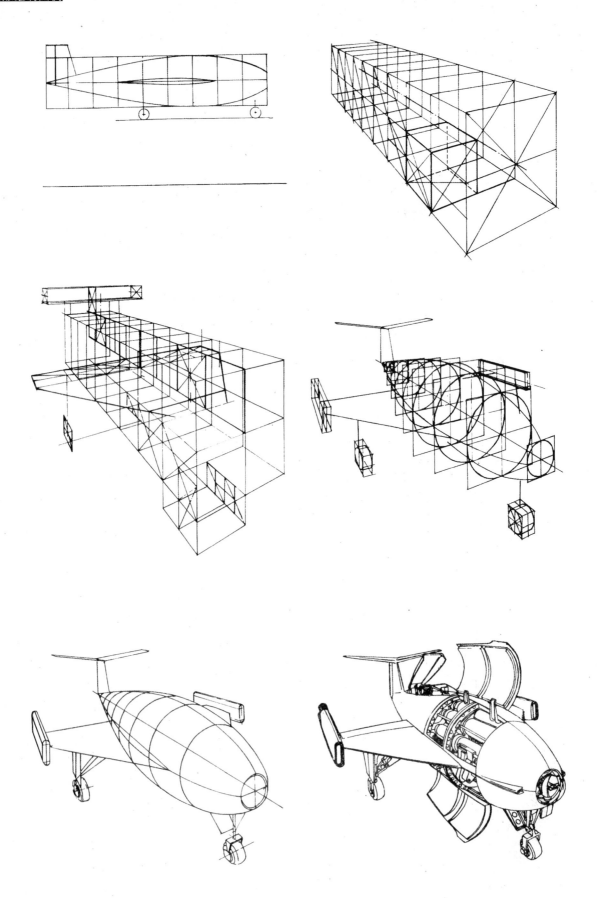

立方体的放大

1. 延长立方体各方向的边。

2. 选择基本立方体中的任意正方形ABCD，使与拟求立方体成一条直线，通过画正方形的对角线平分公共边DB，找出其透视中心X点，过X点画一透视线到公共边，定M点。

3. 从正方形C点过M点画一条线到延长边，与延长边相交在B2上，这就是相邻那个立方体的宽度。

4. 作必要的透视线和垂直线，完成新立方体的透视图。

立方体的缩小

1. 通过作对角线找出立方体中任意正方形的透视中心。

2. 经过透视中心点作透视线，将正方形分割成四个相等的正方形。

3. 不断地重复分下去，以完成所要求的大小。

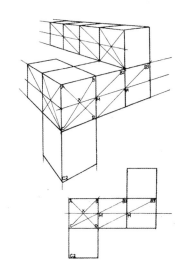
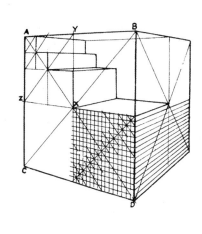
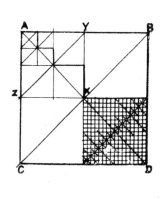

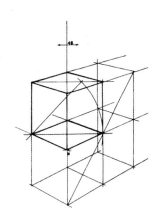
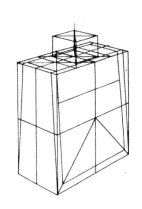

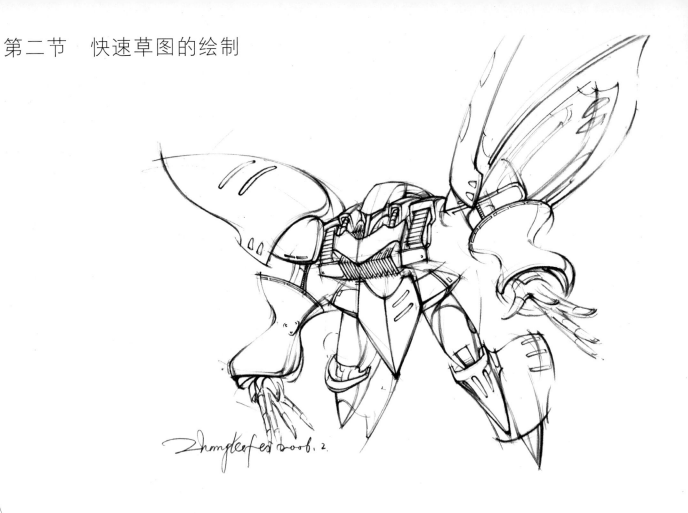

完成单色线稿所用工具及纸张：

　　1.0.3和0.5黑色针笔；

　　2.0.5自动铅笔；

　　3.灰或黑色油性马克笔；

　　4.速写纸或进口卡通画用纸。

1. 定位图形大小；

2. 定位图形结构之间的比例关系；

3. 整体进行细部结构刻画。

注意事项：

1. 图形大小的确定要有助于其细部结构的表现；

2. 结构关系要明确，画出层次，线条完整流畅；

3. 画出轮廓线、结构线和形态线，亮部线和暗部线的区别；

4. 画面效果要分清主次，刻画要有重点，用笔要有紧有松。

正确的用笔方法：

1. 要让自己的笔速快起来；

2. 要杜绝碎线、断线或"毛线"

3. 要用较细的笔画形态线和材料的反光线，用较粗的笔画结构线和外轮廓线；

4. 用铅笔画线稿时，要做到准确流畅，尽量不要借助橡皮来修形。

绘制步骤图表现与分析

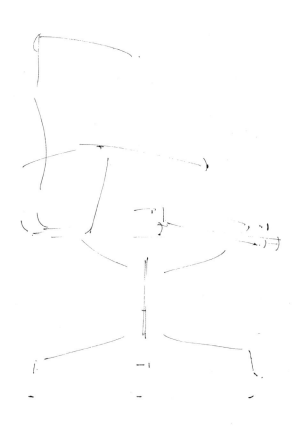
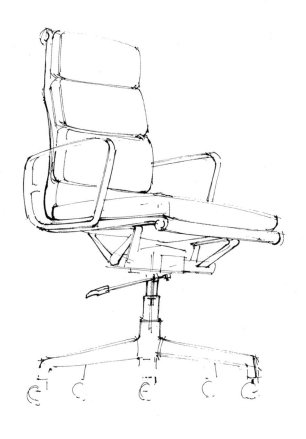

椅子的步骤图表现

▲ 先用简单的线条画出整体的比例关系。

1. 根据产品的结构特征，分画出几个部分；

2. 确认结构部分转折点的位置，注意透视关系和比例的准确性。

▼ 画出细部的结构关系。

1. 将已确认的结构转折点用线条连接起来，下笔要果断迅速；

2. 注意细部结果的层次及比例关系，用笔要有变化，重点的部位和主要结构点要严谨，物体的暗部和远处部位的表现要概括和弱化。

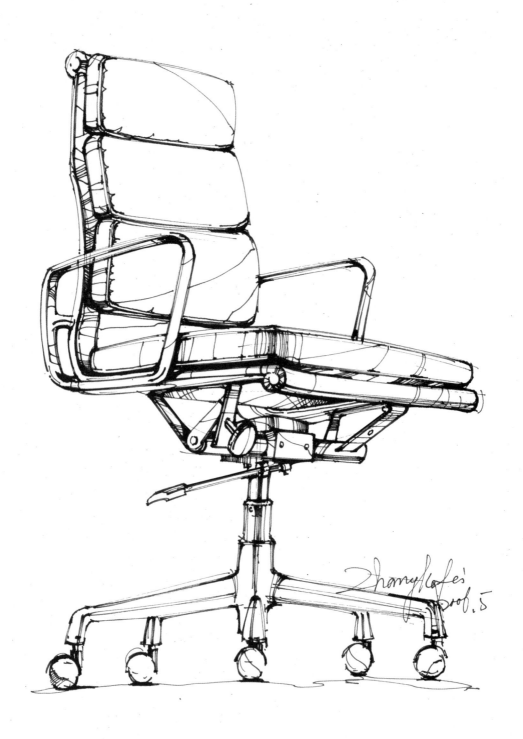

◢ 最后进行画面的整理与渲染。

　1.将暗部线和结构线加重画出层次关系，下笔要果断迅速；

　2.用细线在暗部画出适当的渲染效果，用笔要有疏有密，在亮部画出形态线、反光线和表现材质的线，注意线条要流畅自然，同时要控制好其表现的度。

　44~45　快速草图的表现技法

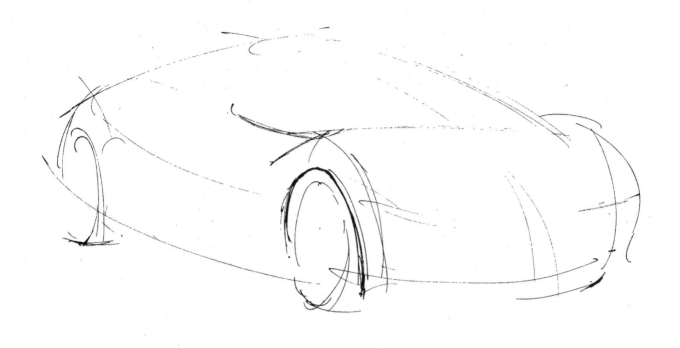

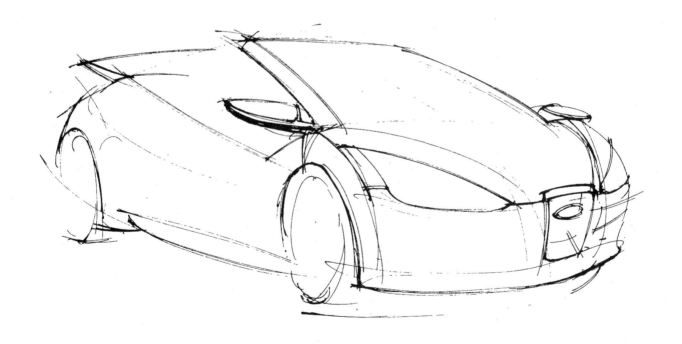

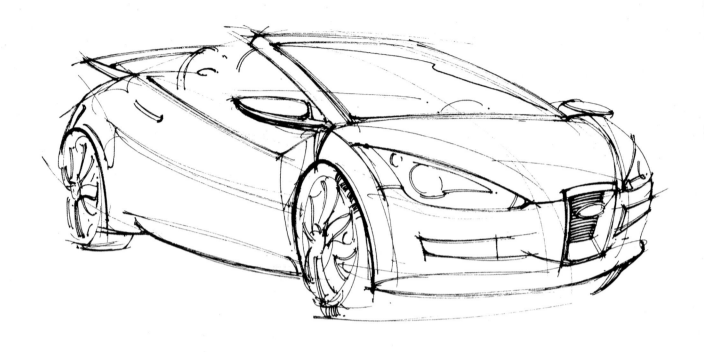

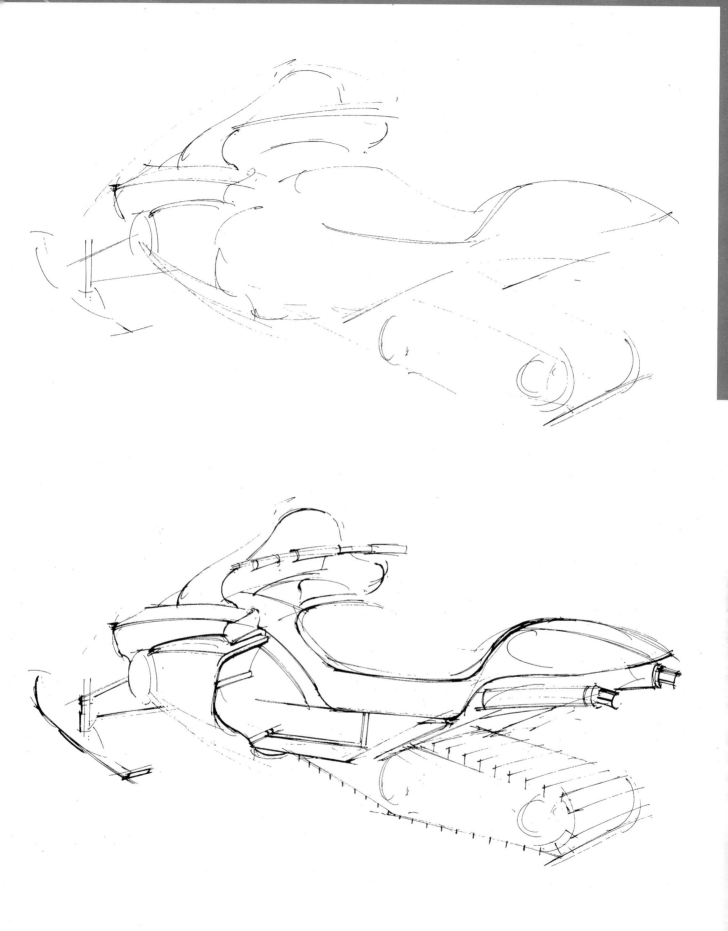

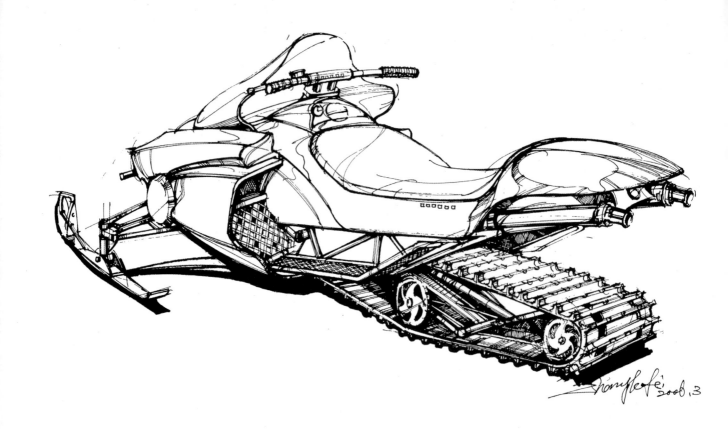

第三节　快速草图的材质表现

材质表现：

　　1.木材：分未刨光的原木和刨光的木材。前者反光性差，纹理多；后者反光性强，固有色多。木材的特点是具有明显的纹理变化，表现时要抓住纹理的变化，就可以很好地画出木材的特点。

　　2.布艺：分单色布艺和有花纹的布艺。布艺材质明暗变化幅度较小，固有色多，环境色较强。

　　3.金属：反光性强，材质坚硬，明暗对比强烈。金属的特点是坚硬，分反光和不反光两种，反光金属的代表为不锈钢，不锈钢表面光滑，反射能力强，有很亮的高光及强烈的反光。在表现的过程中要注意形体的明暗变化，笔触随形体的变化而变化，把握好这一要领，就可以表现反光金属的材质特点了。

　　4.石材：分未刨光的自然石材和刨光的石材（如理石）。前者表现粗糙，无倒影效果；后者表面光滑，反光性强，有合影效果，纹理多。

　　5.玻璃：反光性强，质感较硬。玻璃的特点是透明，玻璃自身也有不同的种类：透明的或彩色的，磨砂面或镜面的。在表现时要与旁边的东西一起画。画出周围环境反射的东西，然后勾边，画亮边缘。画透明或半透明玻璃时要注意物体在玻璃反射下的变形。

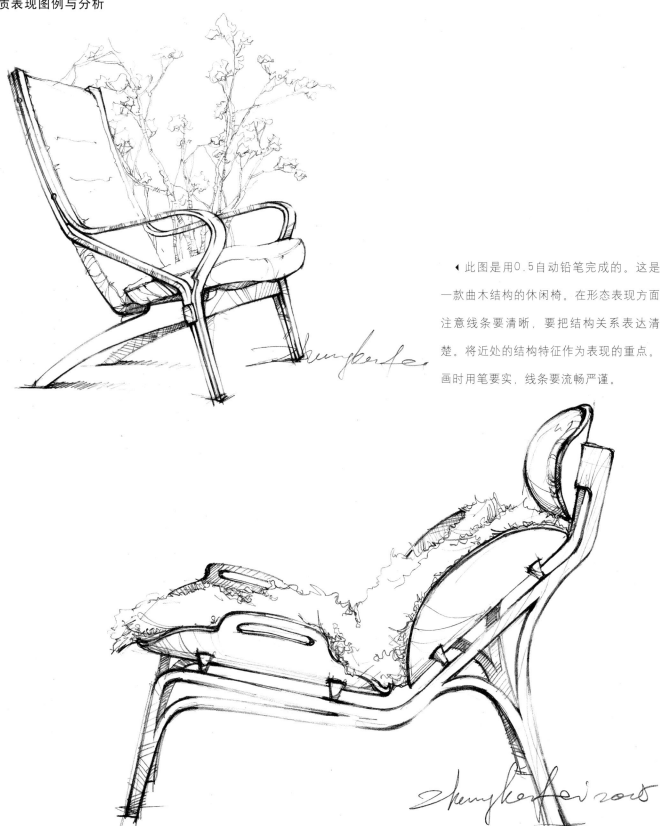

◀ 此图是用0.5自动铅笔完成的。这是一款曲木结构的休闲椅。在形态表现方面注意线条要清晰，要把结构关系表达清楚。将近处的结构特征作为表现的重点。画时用笔要实，线条要流畅严谨。

▲ 此图是用0.5自动铅笔完成的，它的特点是根据用笔力度的不同线条会有轻重粗细的变化。将粗重的线用在物体的轮廓和结构的转折处，细线用在表现物体的形态和局部的渲染部分。

▲此图是用0.5自动铅笔完成的。这是一款木结构的藤编椅。在表现材质时要画出藤编的纹理效果，但面积不要画满，要有一种〝透气〞的感觉，画面会显得自然活泼。

▲ 此图是用0.5自动铅笔完成的。这是一款金属结构的休闲椅。在表现金属框架线条时要光滑流畅，暗部的结构线要粗重结实，亮部线要轻细，这样会加强金属的反光效果。水平面结构的反光线要垂直用笔，排笔要有疏有密。

▲ 此图是用0.3和0.5碳素针管笔完成的。这是一款金属结构的工作椅。结构复杂，层次丰富。在形态表现方面注意线条要分清层次，把结构关系表达清楚。用粗笔画出主要结构特征的轮廓。画时用笔要实，线条要严谨。表现形态材质的线要流畅、细柔自然，与结构线形成对比，画面就会显得生动。

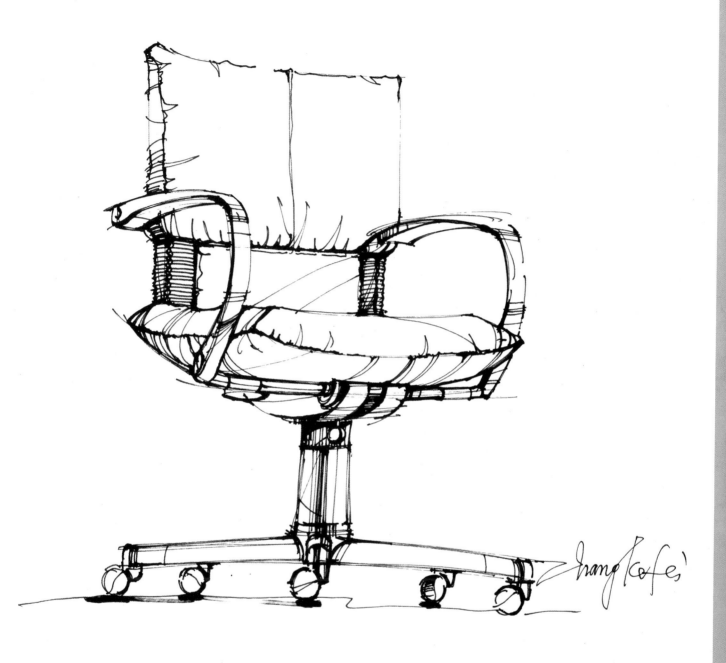

▲ 此图是用0.3和0.5碳素针管笔完成的。这也是一款金属结构的工作椅。在表现软质坐垫和靠垫时要重点刻画形态的转折处，以转折处为起点画出自然的皱褶效果。再用粗笔描出明暗转折处的轮廓。画时用笔要实，随着形态画出折线效果，与表现金属特征的光滑线条形成对比。

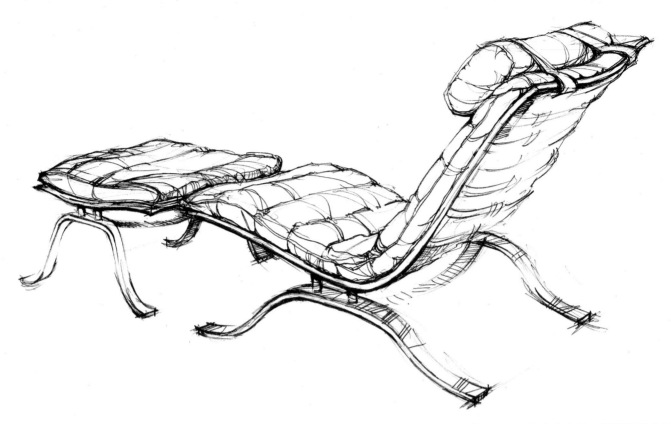

▼ 此图是用0.5自动铅笔完成的。这也是一款金属结构的休闲椅。在软体皮革材质的表现方法上比较有代表性。皱褶是软体材质的主要特征。画时用笔要轻，线条要流畅自然，结构线要实，形态线要细柔。

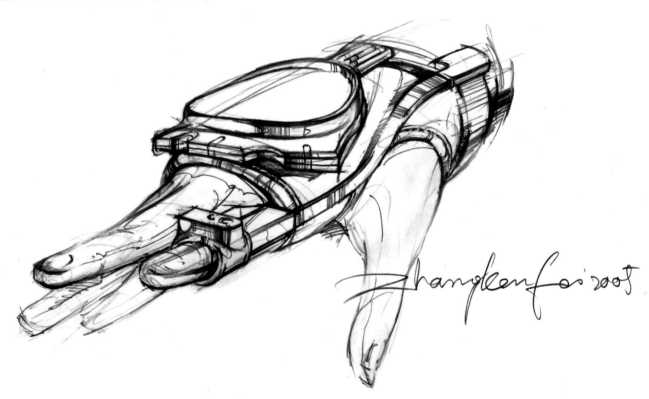

▼ 此图是用0.5自动铅笔完成的，在表现复杂结构的产品时，要重点刻画产品的主要部分，弱化次要的部分。用粗重的线条画出物体的暗部轮廓和结构的重点部分，用细线条画出物体的高光和局部的渲染部分。

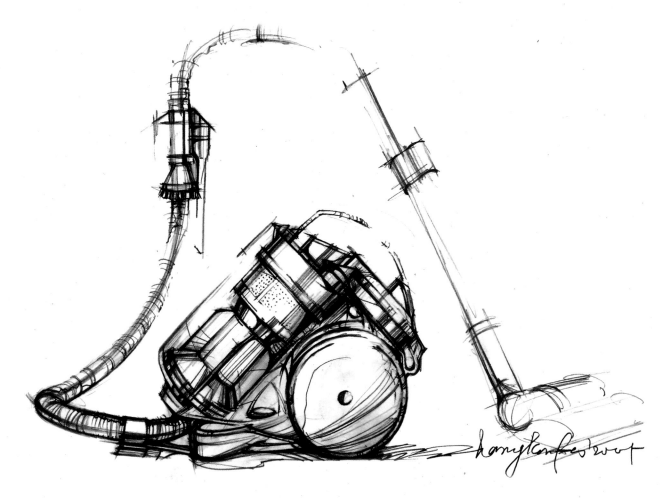

　▲此图是用0.5自动铅笔完成的，它的特点是结构复杂，以反光材质为主。画时将粗重的线用在物体的轮廓和结构的暗部，细线用在表现材质的反光和透明玻璃的转折处。深入刻画时要有重点，弱化不重要的部位。

　▲此图是用0.3和0.5碳素针管笔完成的，汽车重点表现的部位是车轮和前脸部分，刻画要细腻严谨，将粗重的线用在结构的轮廓和暗部，细线用在表现车体及反光处。线条要流畅舒展。

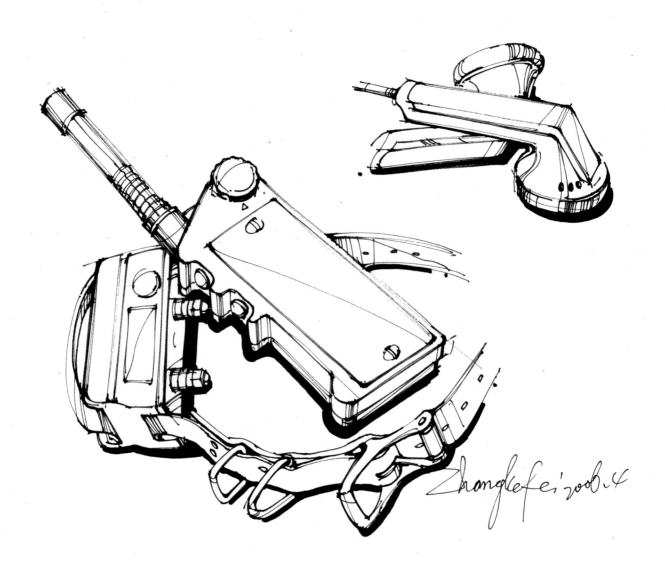

　▼此图是用0.3和0.5碳素针管笔完成的，在表现结构较复杂的产品时，线形的变化非常重要，每一层结构的边缘线都要有所不同，结构关系明确。用粗重的线描出暗部的投影，画面会显得明亮有立体感。

60

第一节　工具的介绍

62

第二节　效果图的表现

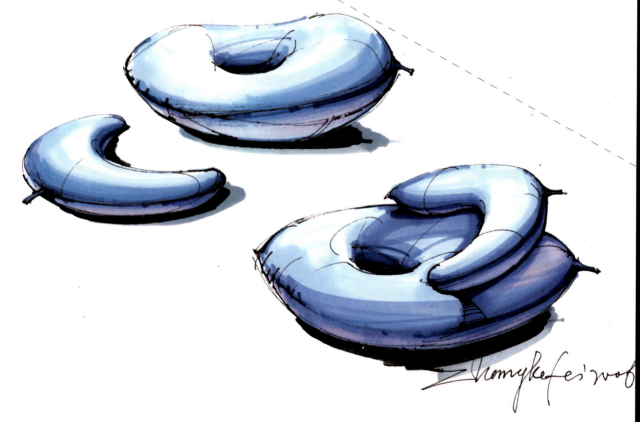

第一节　工具的介绍

完成彩色效果图的常用工具及纸张：

1.双头油性马克笔（同类色系需备齐四种以上灰度，共约40支以上）；

2.彩色线笔；

3.水溶性彩色铅笔；

3.白色进口卡通画纸。

马克笔特性：

1.使用方便、快捷，不用裱纸、调和颜料，打开笔帽即可使用。

2.马克笔颜色保持不变，具有可预知性，画一物体时，可重复使用同一颜色型号或程序，每次都可以获得相同效果，加快工作效率。

3.携带方便，易于保管。

马克笔分为油性和水性两种，油性马克笔鲜亮透明，其溶剂为酒精类溶液，易于挥发，颜色可重复叠加，保持鲜亮不变。水性马克笔不如油性马克笔鲜亮透明，并且不可以叠加使用，若叠加使用，色彩会失去原有的亮度。马克笔与其他工具不同，其用时为湿性，但画出来的笔触几乎马上就干，并且几乎可以用于任何纸张，从而可以获得不同的效果。用干了的马克笔可以用来表现较淡的色调和特殊效果。

着色的方法和步骤:

1.首先用铅笔画出草稿。

2.用铅笔或钢笔和淡墨将想要的轮廓描到描图纸上,并加上细节。

3.用马克笔填色,从颜色最浅的部分开始,一次集中处理一个对象,逐渐朝向颜色较深的对象,这样才有较好的融合效果,并防止出现水印痕迹。

4.选择物体的亮色区从浅色画起。

5.由亮部到暗部逐层加重,画出渐变层次。

6.画出物体暗部的明暗交界线、反光和投影。

7.用彩色铅笔或其他工具来增加较深的色彩和细节,完成作品。

马克笔使用技法:

1.在一种颜色上覆盖另一种颜色,就可以得到新的颜色。

2.同一支马克笔涂了一层颜色后稍等,再涂第二层颜色就会出现深色调。

3.如果想表现纹理效果,在涂了第一层色彩后,等2~3分钟,干后再在它上面画。

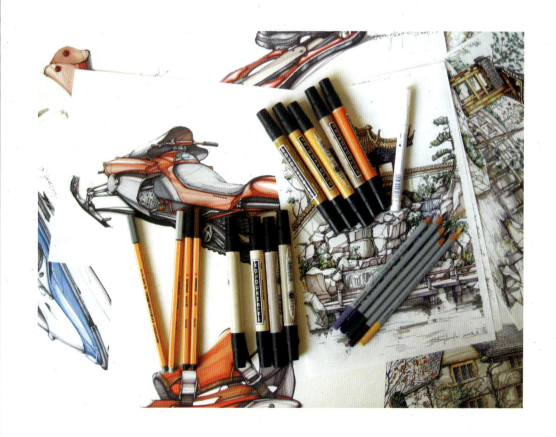

注意事项:

1.颜色的选择要以产品的固有色为主；

2.要注意着色用笔的连续性，让每笔颜色衔接自然；

3.保持用笔方向的有序性（根据产品的形态特征、反光效果和不同材质设计正确的用笔方向）；

4.暗部是着色的重点，要画出丰富的层次和细腻的变化。

马克笔也有一定的局限性:

1.由于其溶剂为酒精类溶液，易于挥发，用后须立即扣好笔帽，不可晾晒。保存在阴凉处。如果马克笔溶剂干竭，可滴加轻质稀料或苯，但这样做会降低马克笔的色彩纯度。

2.马克笔的笔迹容易褪色，尤其是太长时间太阳直射的话，更易褪色，如果作品要用于展览，可对原作进行拍照或复印。

第二节 效果图的表现

如何表现物体的立体效果:

任何形态的物体都需要用光影来表现它的立体效果，着色时要明确物体的亮部和暗部的关系，暗部重点要表现出明暗交界线、反光和投影三个部分；亮部要画出中间色调的高光（高光处也可留白）。

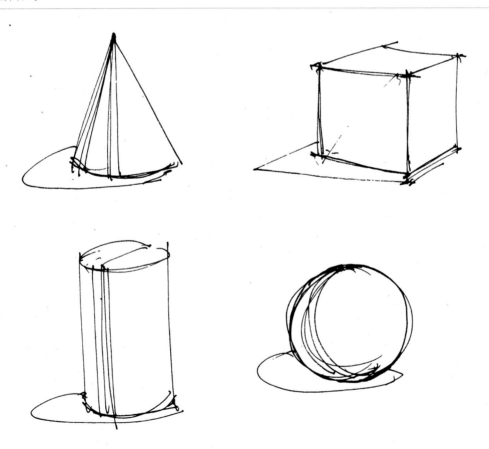

色调逐步变化的步骤：

　　1.在同一色系中，选3～5种从浅到深不同色调的马克笔。

　　2.先用最浅的颜色垂直涂抹几遍。

　　3.绘着颜色未干，用较深的颜色从左至右垂直涂抹，覆盖大约三分之二的面积，再用前面使用过的色调在第二层色调的开始处垂直画几遍，让两种色调糅合地结合在一起。

　　4.绘第二层颜色未干时，用第三种更深的颜色从左至右垂直涂抹覆盖大约三分之一的面积。再用第二种颜色在第三层开始处垂直画几遍，让两种色调糅合地结合起来。

　　5.如果需要增加更多色调，依次类推。

颜色渐变的表现技法

　　马克笔的颜色种类很多，如要使画面色彩层次丰富、自然，必须备有足够数量的颜色：首先，冷灰和暖灰系列必须在四个层次以上，其他的颜色系列每个色系也最好在三个层次以上，只有这样才能画出自然和不同色相的渐变。只要掌握好这两种渐变的关系，就能在着色时做到画面的层次丰富、颜色过渡柔和自然。

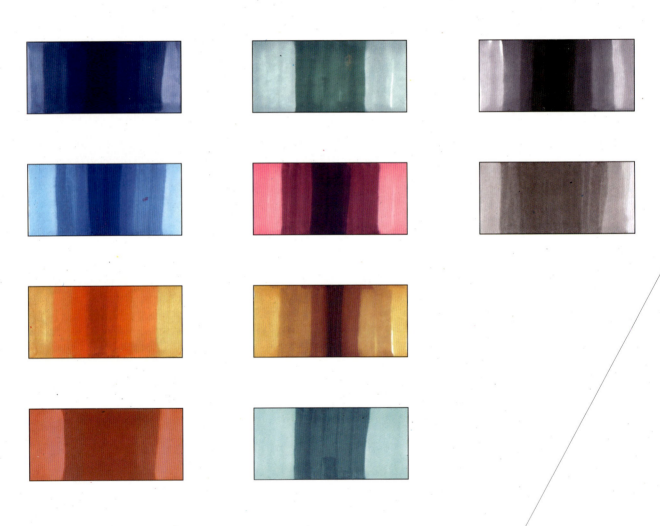

同类色相渐变

不同色相渐变

1.汽车步骤图的表现

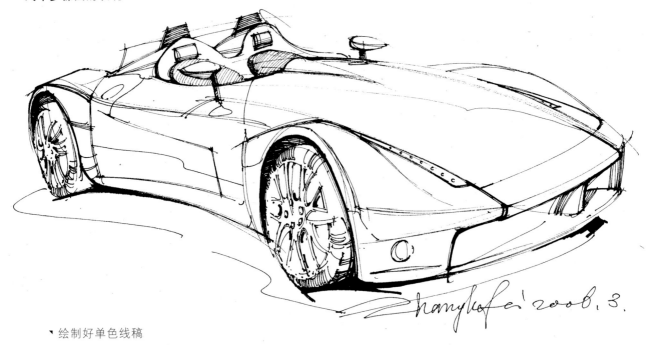

↘ 绘制好单色线稿

▲1.用浅色宽头油性马克笔，从物体的亮部画起，用笔要快速，中间不要停顿；

2.往暗部微妙过渡时可适当重复排笔，让颜色过渡自然。

1.用较深一度到两度同类色系的宽头油性马克笔画出物体的暗部，用笔要快速，衔接要自然；

2.暗部层次要丰富，反光部分的颜色不要过重。

1.最后用较重的颜色画出物体最暗的部分，比如明暗交界线和投影；

2.画出物体反光处的环境色，整理整个画面，用细笔画出细部结构的色彩关系，让画面表现得细致完整。

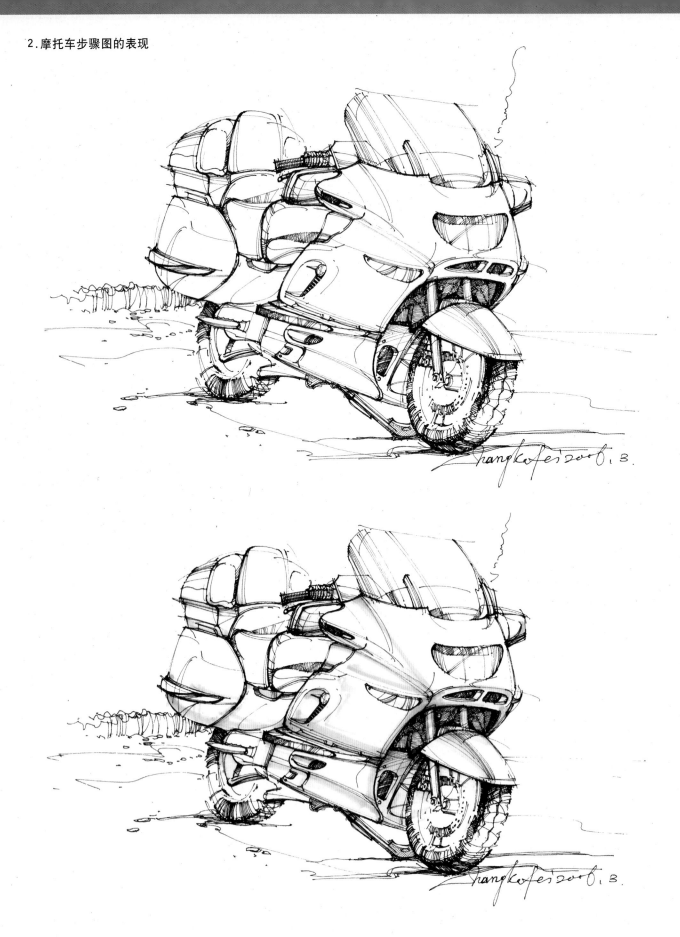

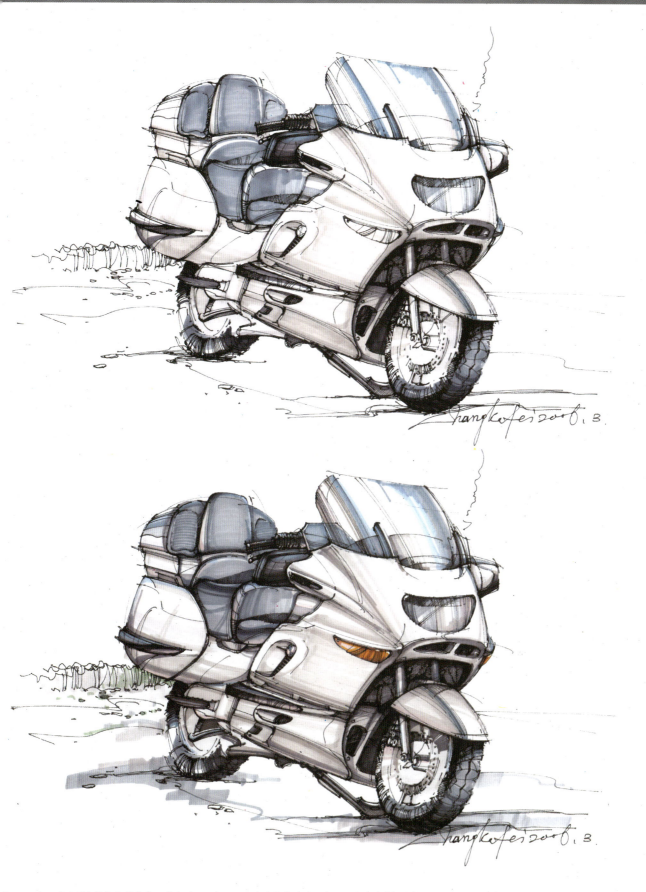

注：对于形态结构复杂的产品着色时，一定要注意它的整体效果，每一组小的结构部分都要服从于大的整体画面效果，同时还要处理好每组结构的色彩关系，要有主次和重点。

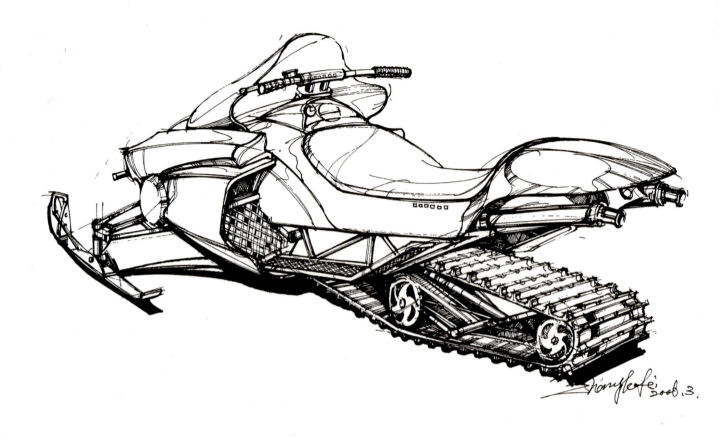

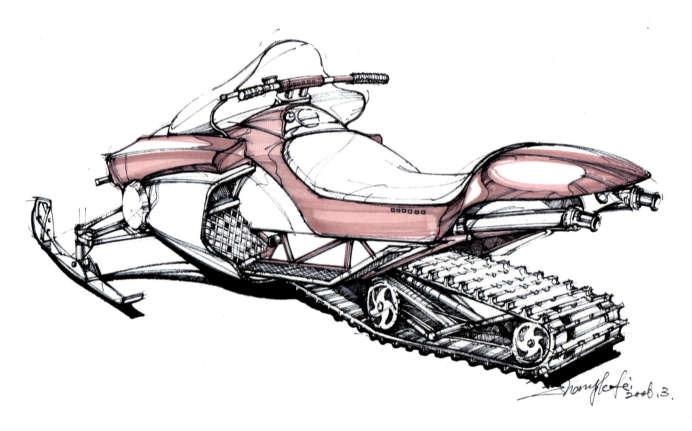

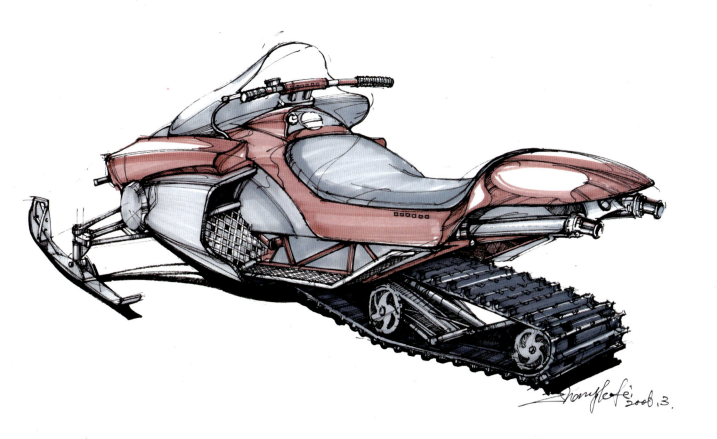

注：着色步骤的有浅渐深不是简单的重复，而是要逐渐丰富层次和颜色，分清明暗，光影效果突出。

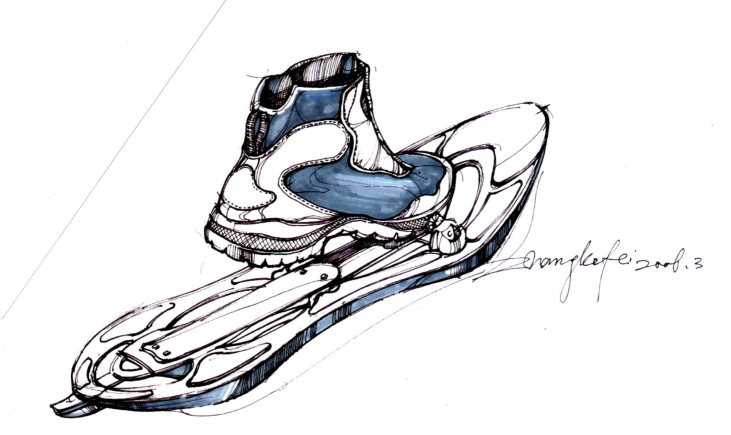

　＼此图是用冷灰来表现金属支架，暖灰表现休闲椅的软包部分，突出两种材质的对比效果。在暗部加一些暖色，突出画面的光影效果。

◢ 此图是用三个层次、局部四个层次的褐色，表现木质框架的休闲椅。亮部颜色要薄，暗部颜色可稍厚些。表现毛垫材质时要用细头马克笔，由浅渐深用弯曲的碎线表现。

　　▲此图在画木制框架时先铺了一遍淡淡的暖灰色，然后再用浅棕色和深棕色来表线材质和丰富层次，这样处理黑白灰的过渡

会显得自然、生动。

↘ 此图是用四层暖灰色系完成灰色皮座的表现，明暗交界线处最重，反光处略加冷色，局部高光留白。底座颜色处理要柔和，与皮座形成对比，画面效果生动、响亮。

▲ 在画皱褶较多的皮革效果时，最好用细头马克笔由浅渐深、随着纹理运笔、颜色的深浅、冷暖衔接要自然。暗部后加暖色，要与金属支架的冷色形成对比，金属支架部分加一些暖色的反光，画面会显得生动。

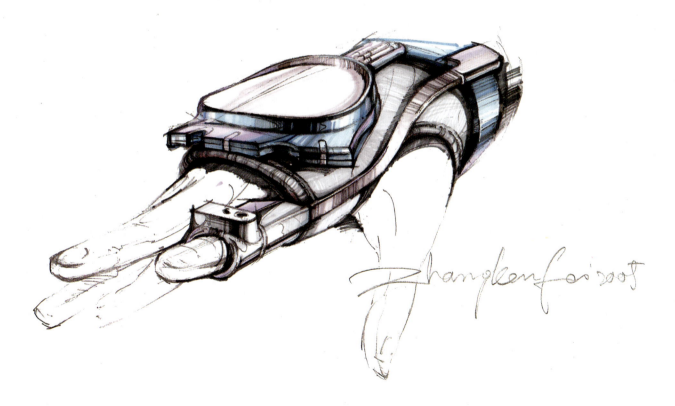

▲ 从此图可以看出表现反光材质和不反光材质在用笔方法上有很大不同。前者是运笔规整，排列整齐；后者运笔自然随意。

▸ 此款吸尘器的主要材质是金属和玻璃，其表现特点是中间色调为固有色，高光处要留白，反光颜色要强，最好是固有色的补色。局部用细头马克笔画出多层的反光效果。

为了让红色更加沉稳真实，让物体暗部呈暖红色，先铺一层黄色做底色。然后再用两到三个层次的红色，由浅渐深完成效果。

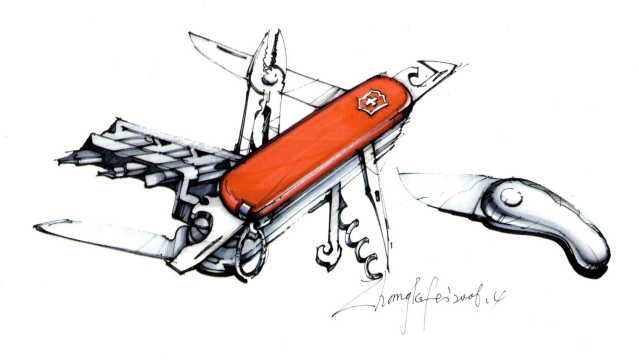

此工具刀的结构比较复杂，着色时要分清层次，上部的颜色亮，底部的颜色重，形体根部的颜色重，尖部的颜色要亮。局部用细头马克笔画出渐变的效果。

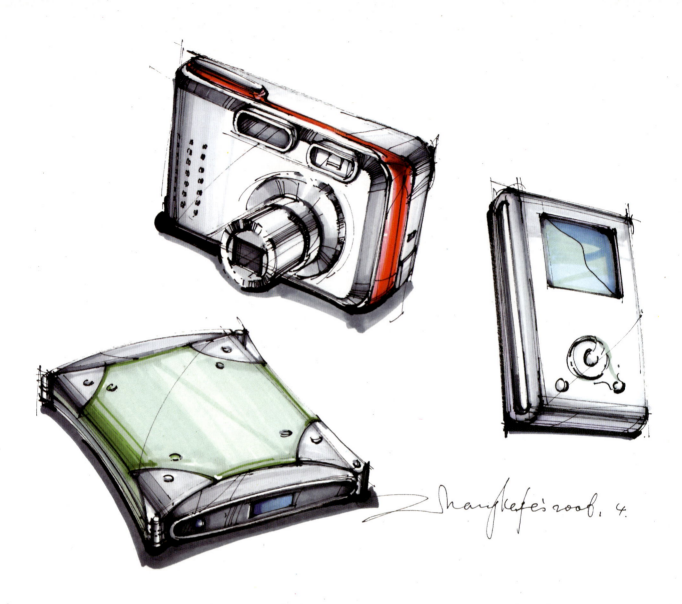

在画金属材质的柔和过渡时，要采用揉色的用笔方式，用力由重渐轻或由轻渐重，反复运笔，转折处加重。效果自然真实。

提高绘制效果图的方法：

1.观看和学习杂志、书籍和艺术展览上的优秀作品。

2.观看别人是怎样绘制效果图的，进行临摹。

3.请教高手对自己的作品提出建设性的意见。

4.收集参考资料。

5.以一种积极的态度绘制作品，不要害怕犯错误，要敢于尝试，"敢画"在学习中非常重要，在大胆尝试中会得到更多的经验，长此以往，就会形成自己独特的风格。

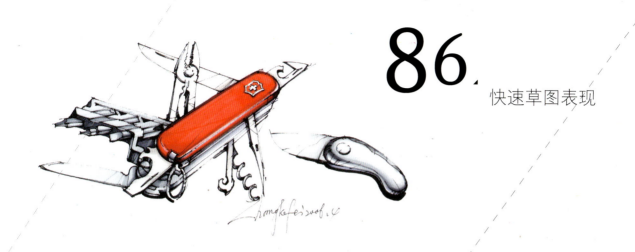

86. 快速草图表现

122 马克笔效果图表现

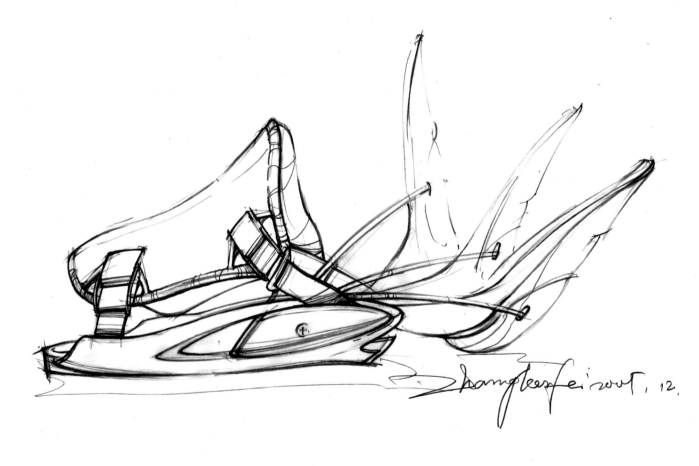

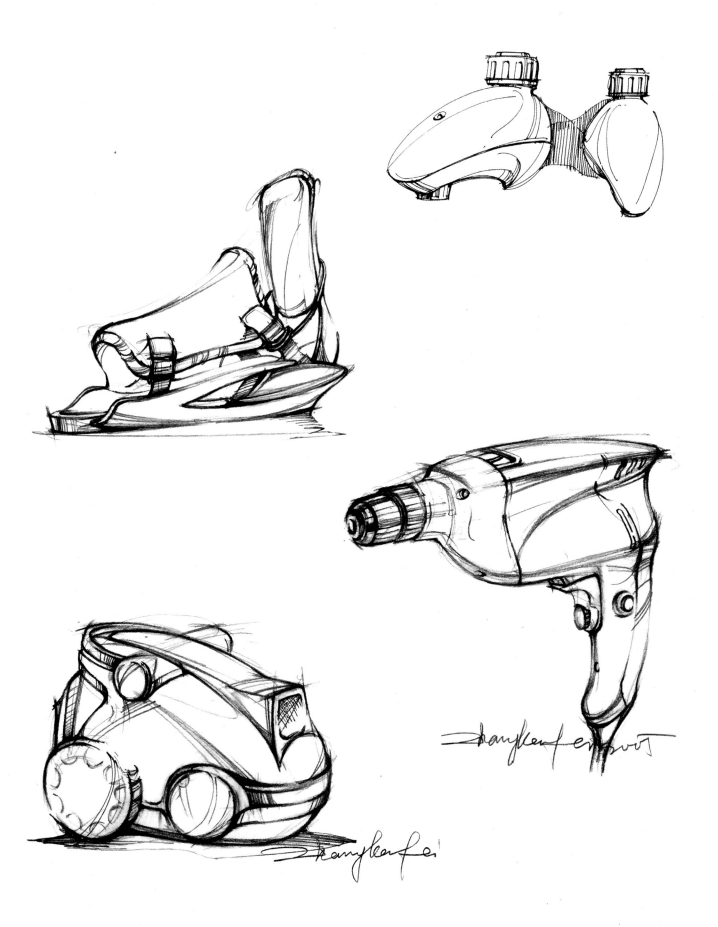

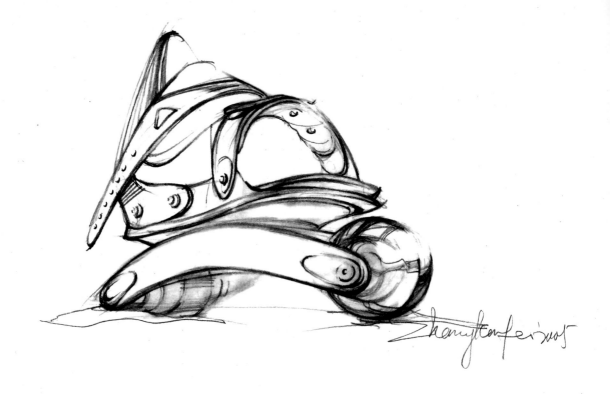

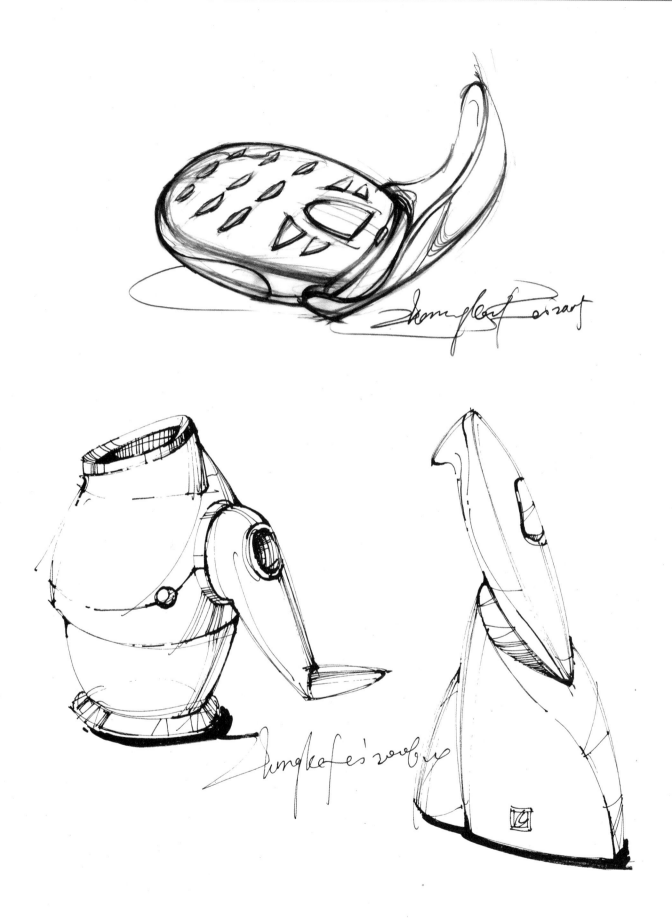

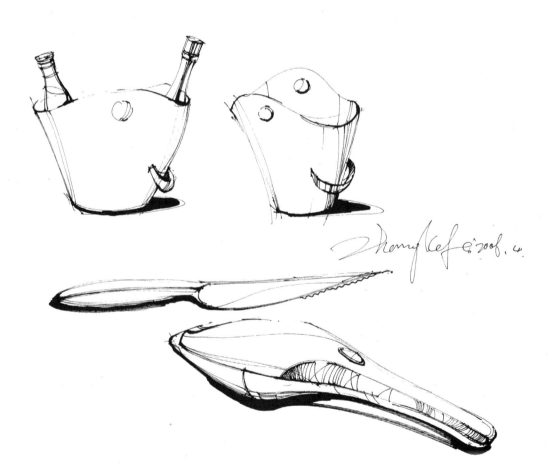

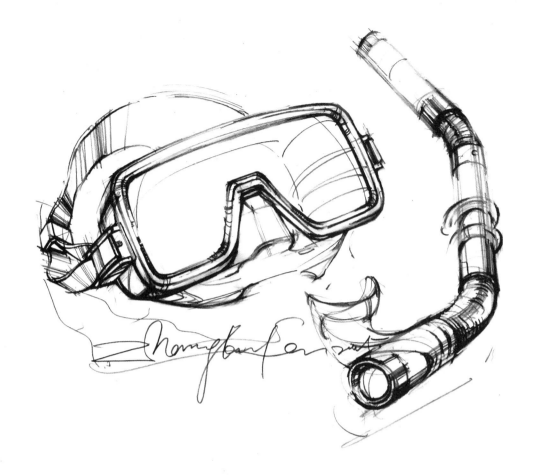

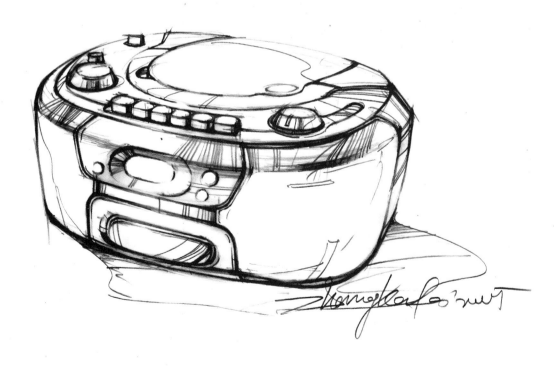

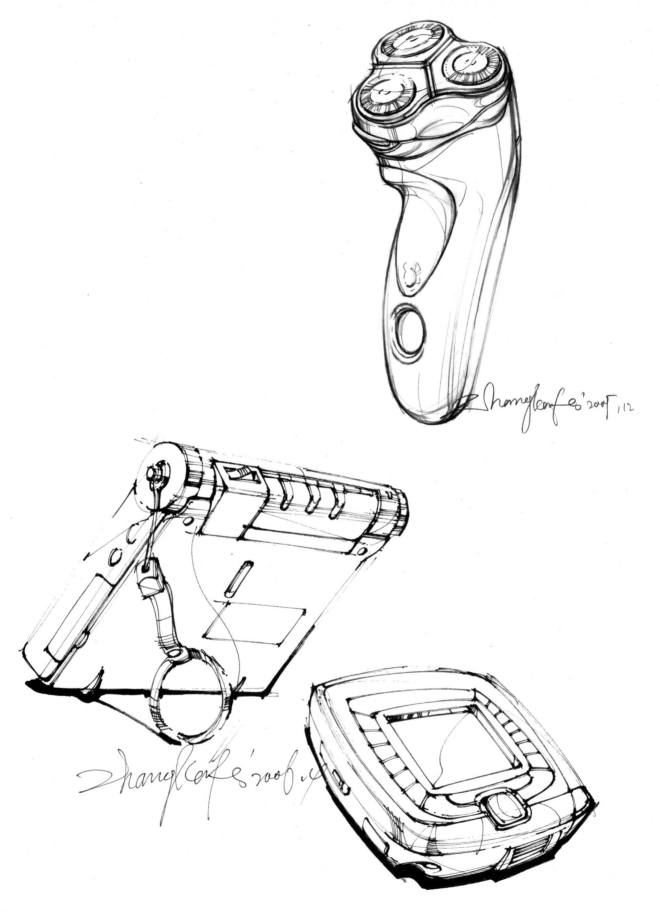

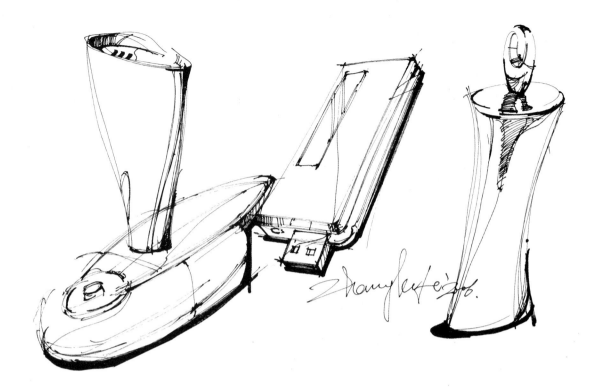

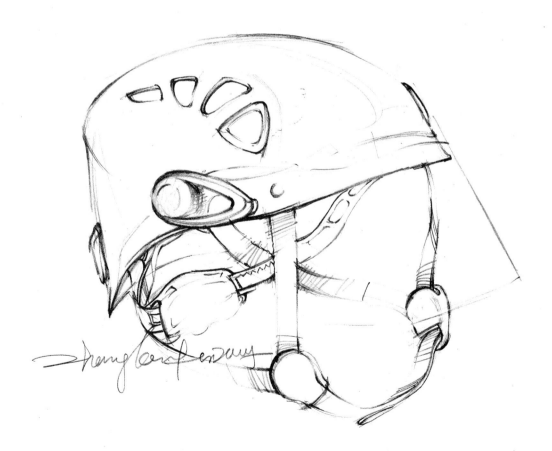

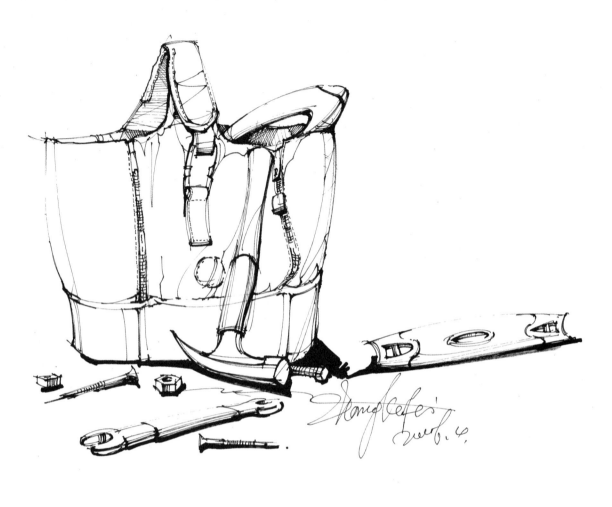

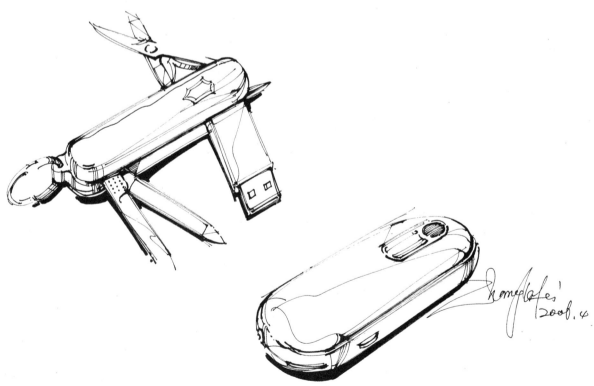

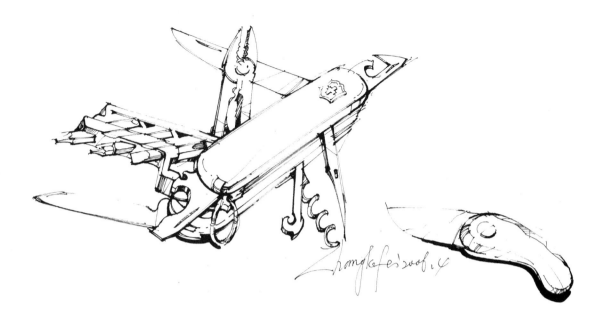

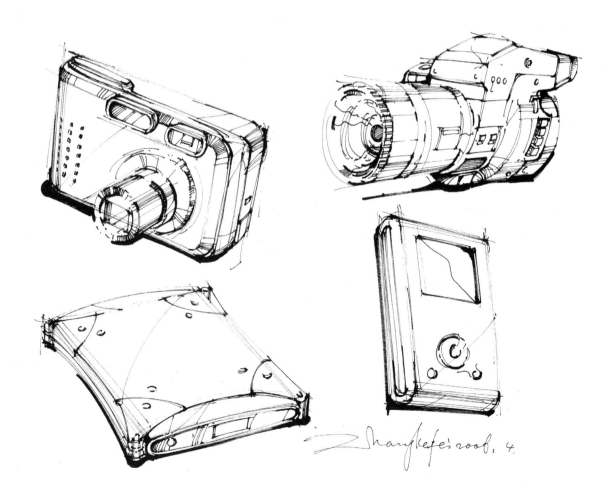

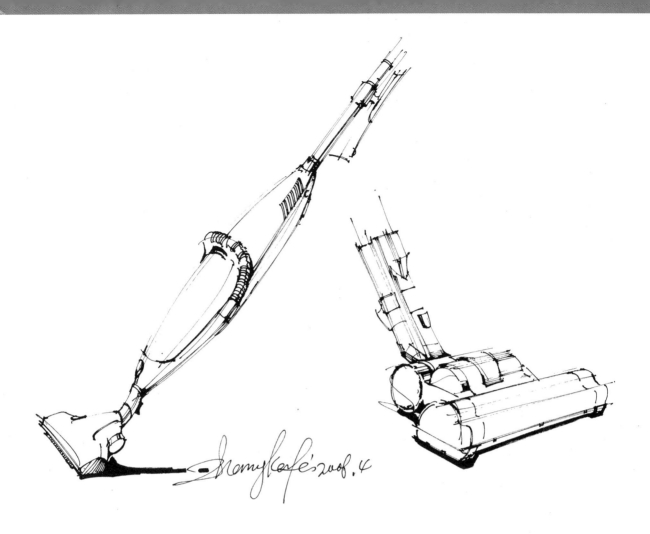

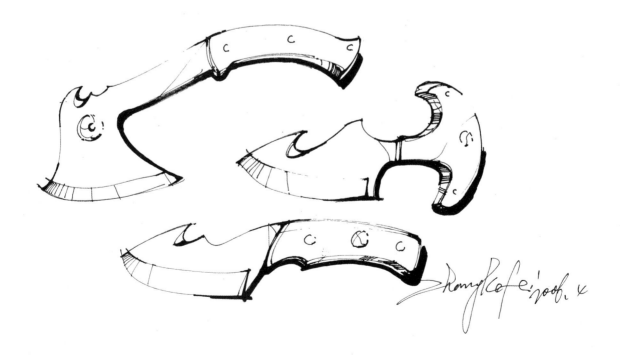

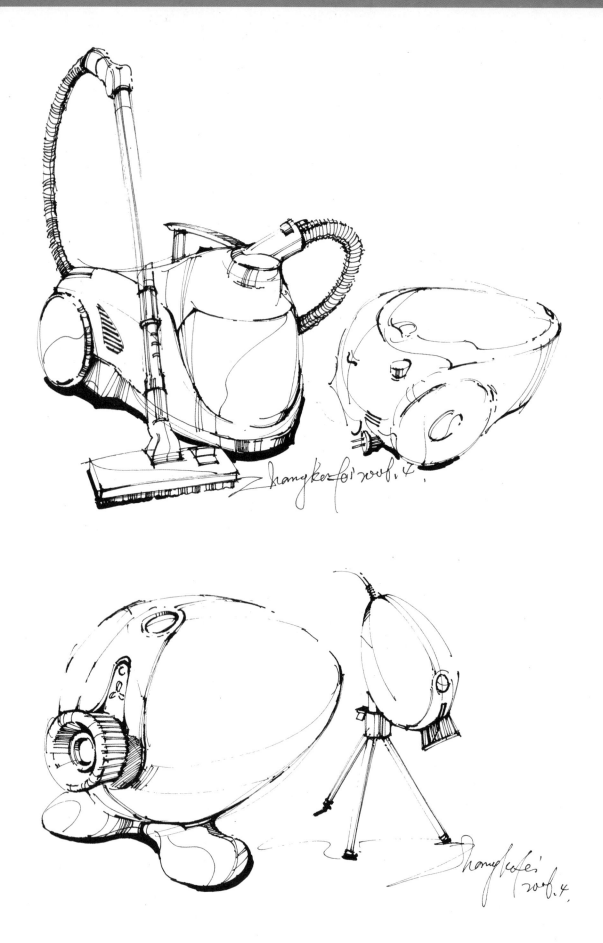

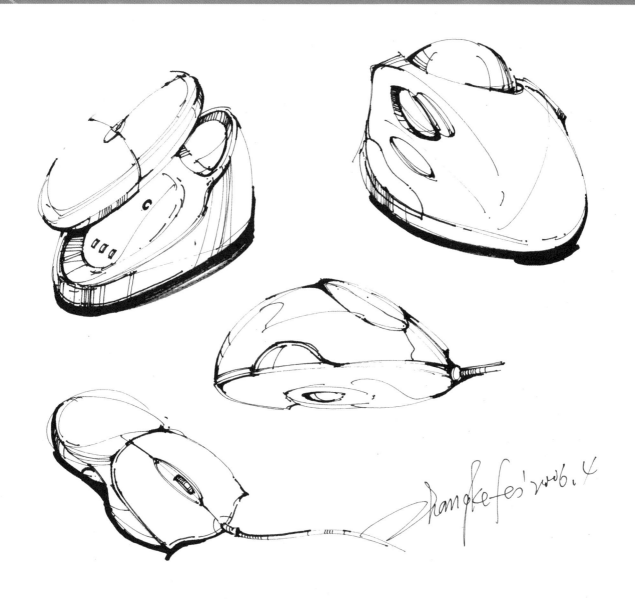

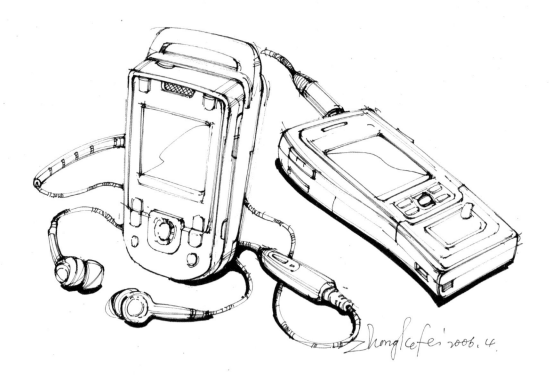

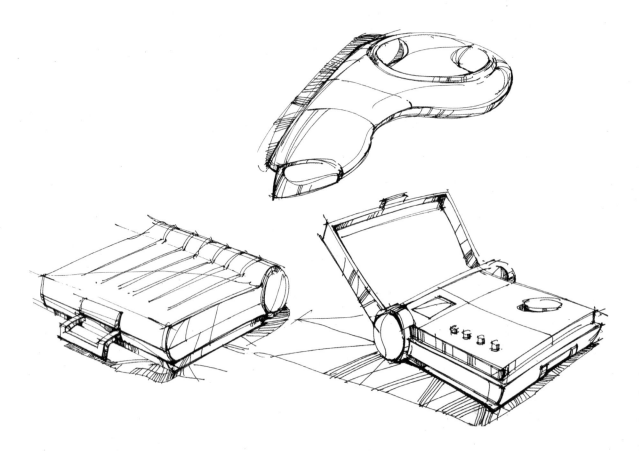

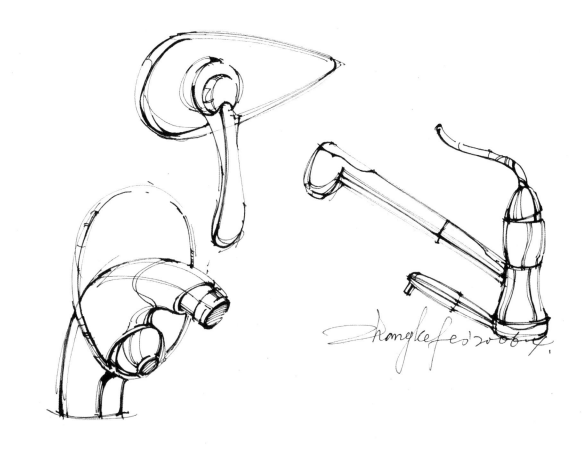

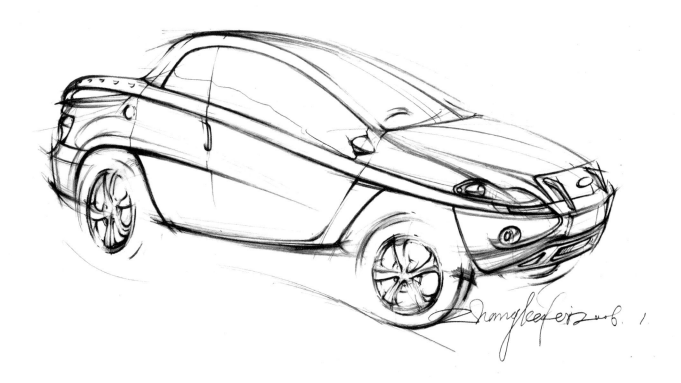

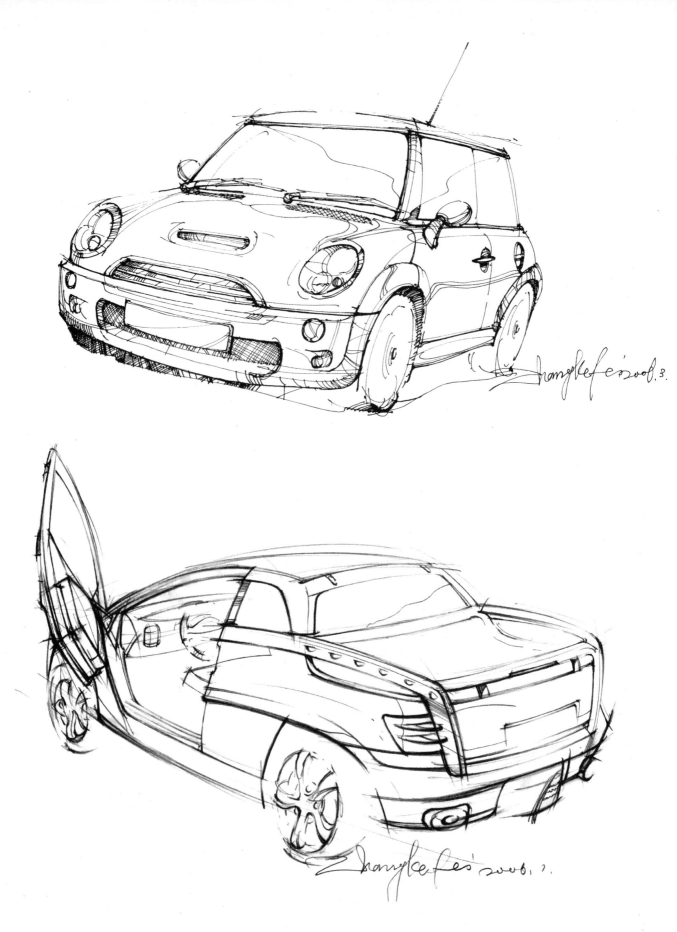

horngkofei 2006.3.

hongkofei 2006.4.

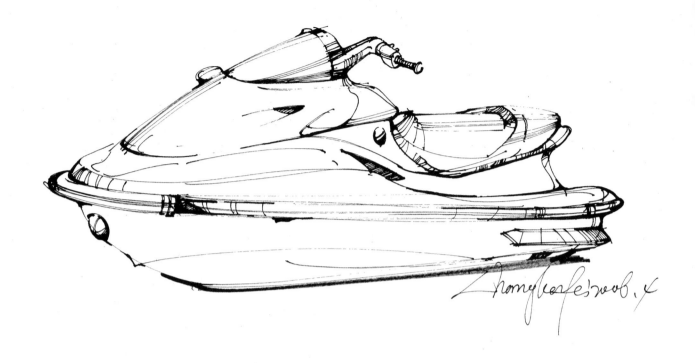

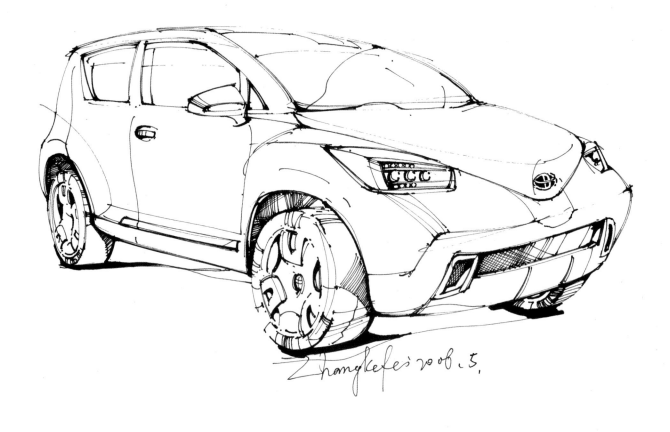

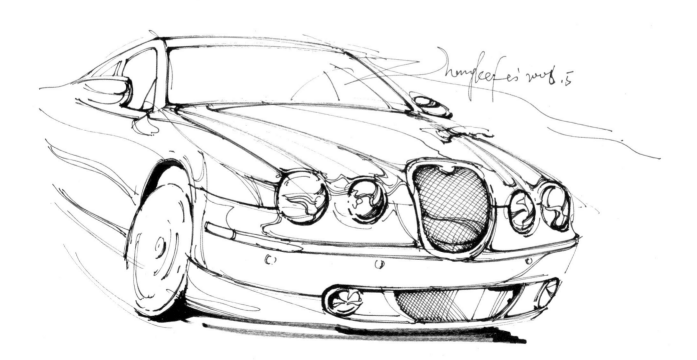

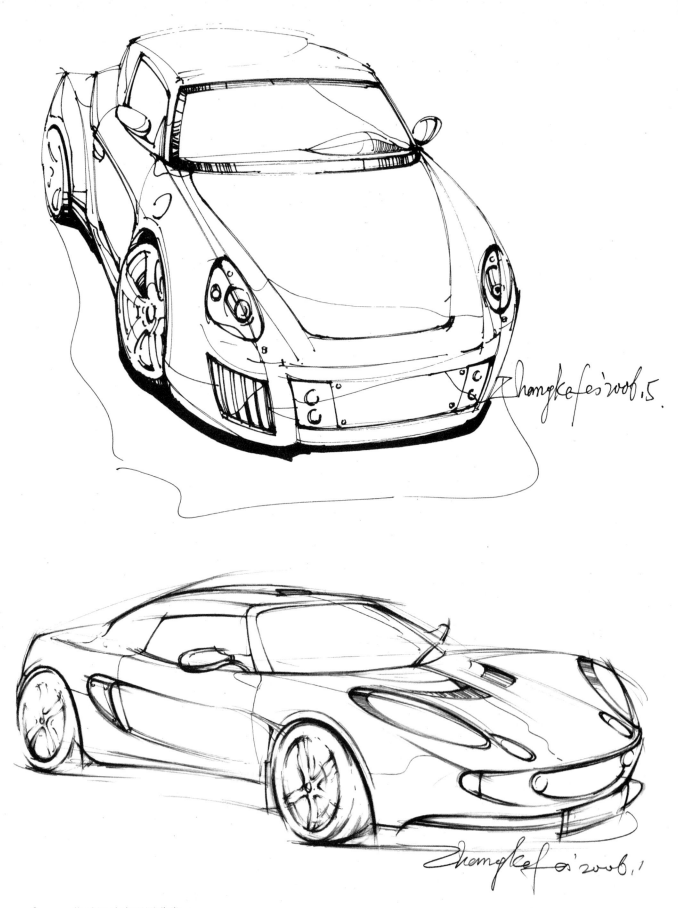

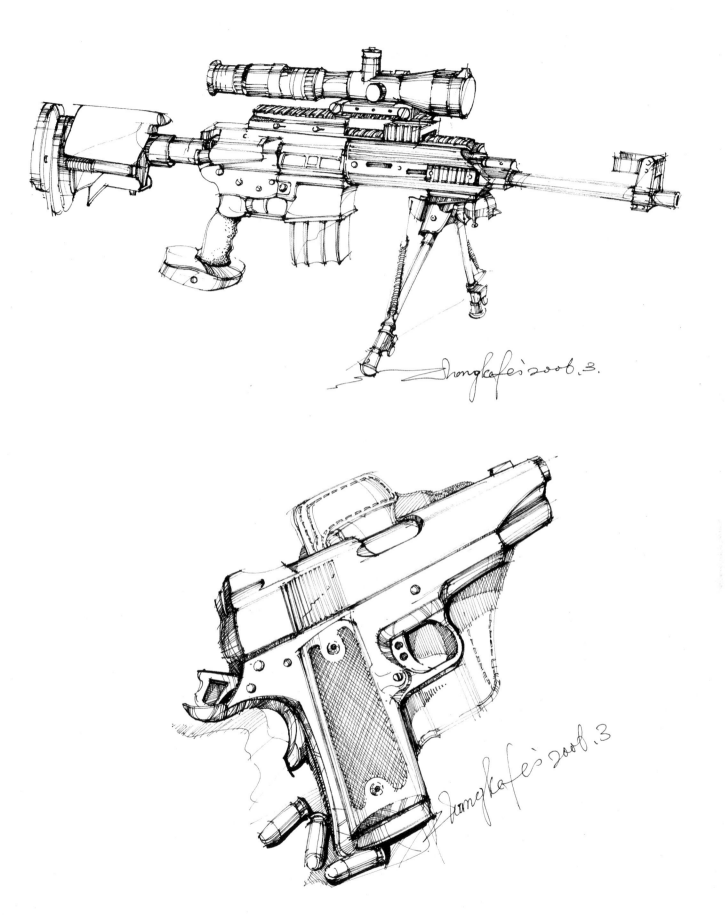

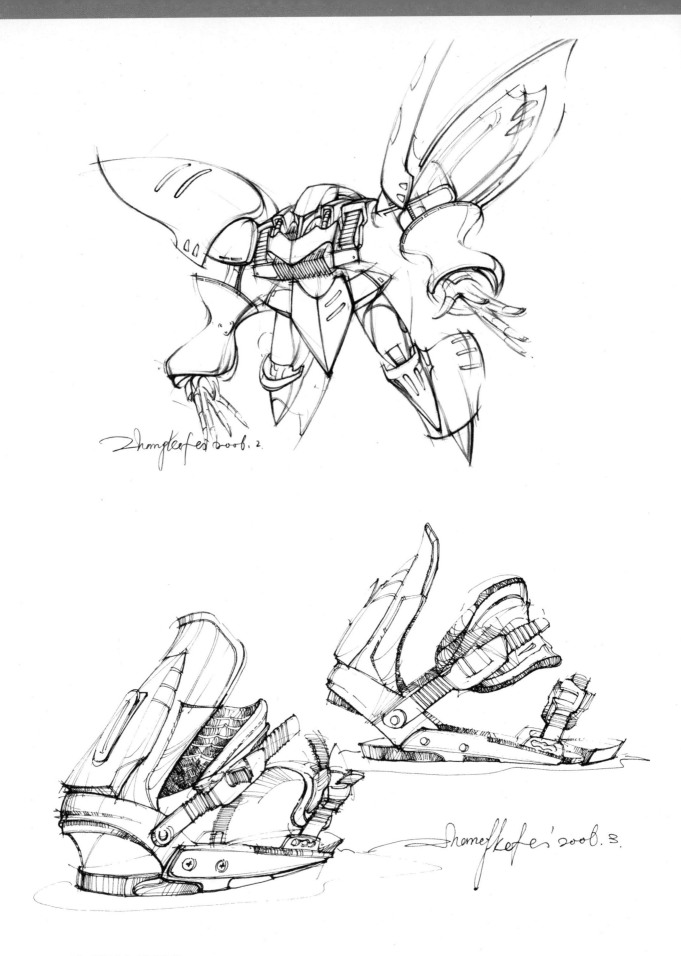

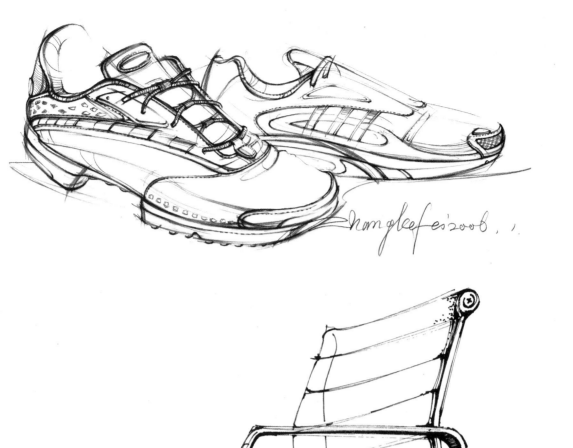

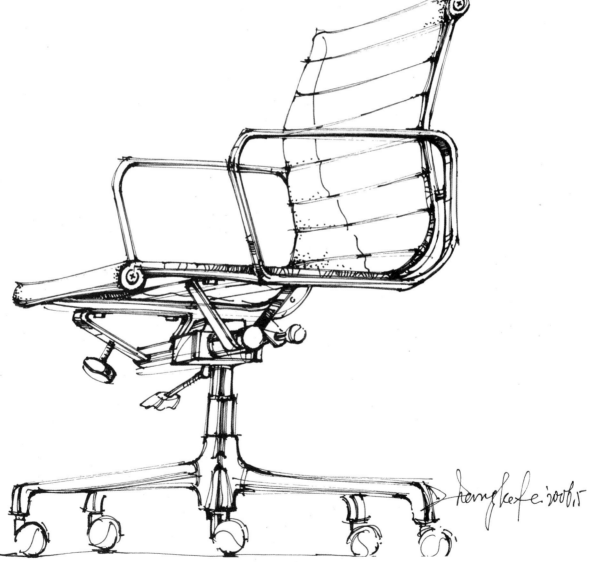

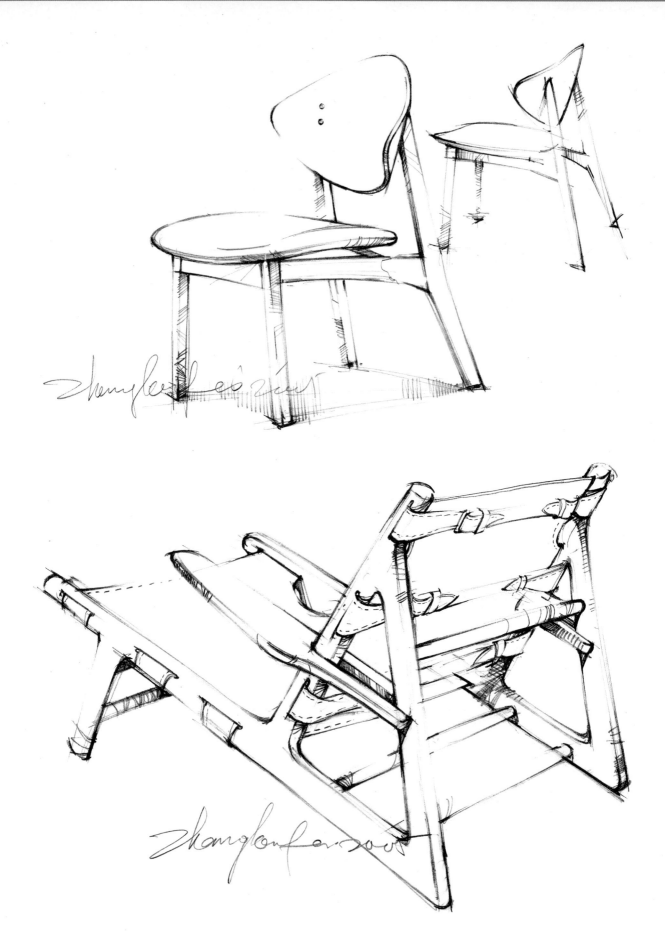

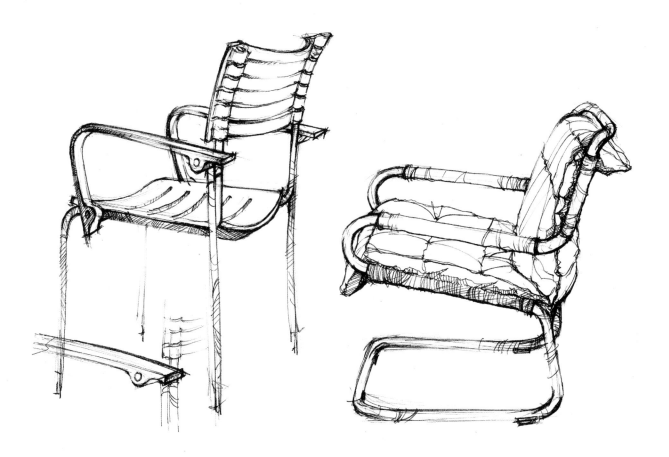

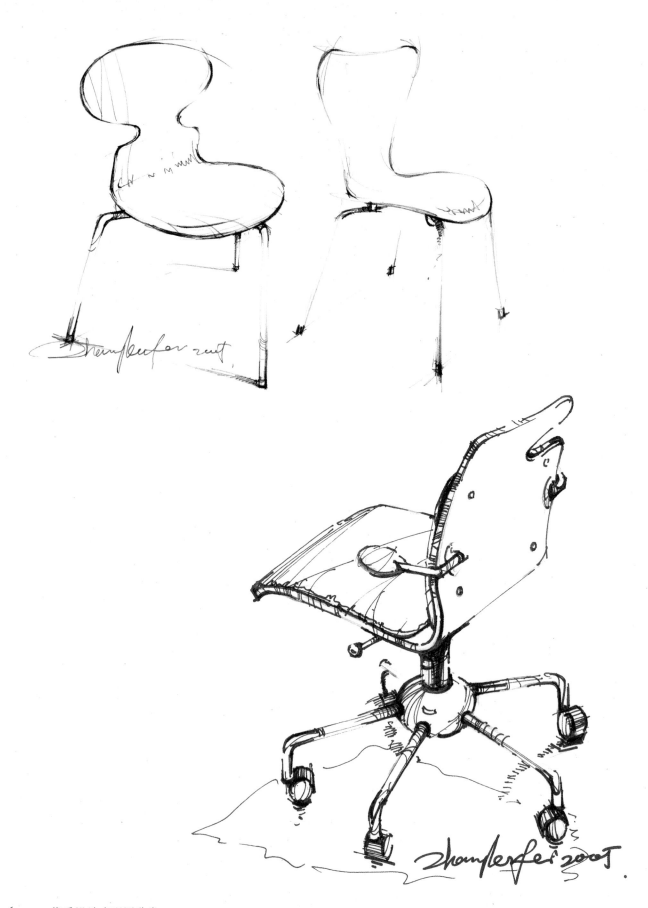

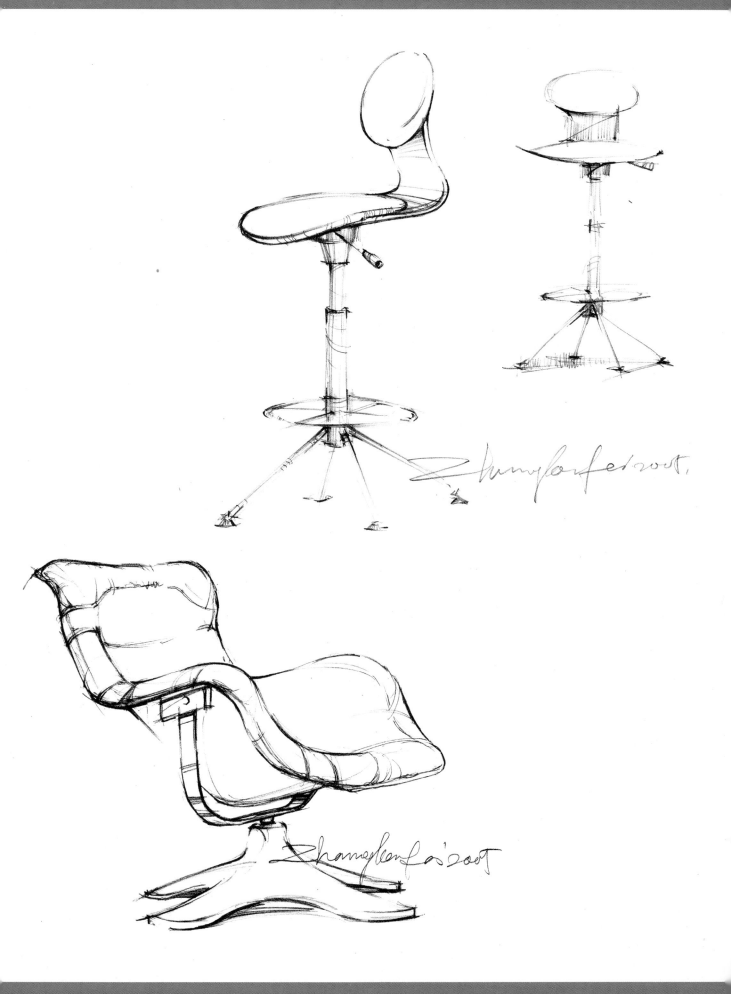

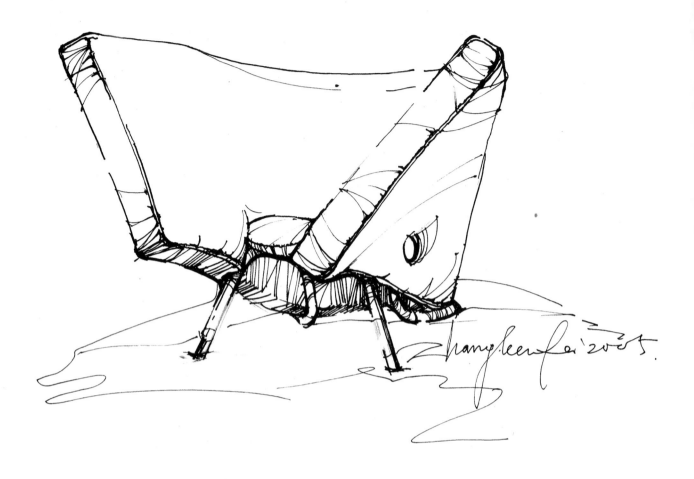

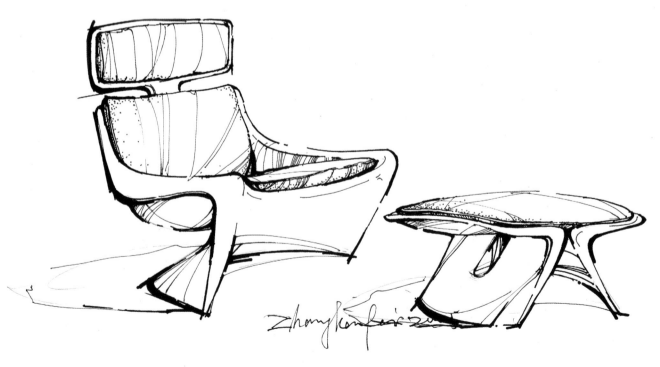

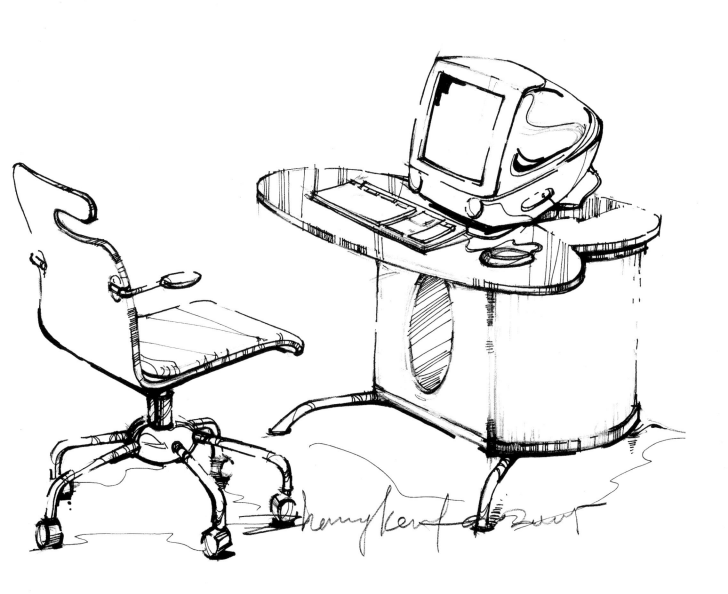

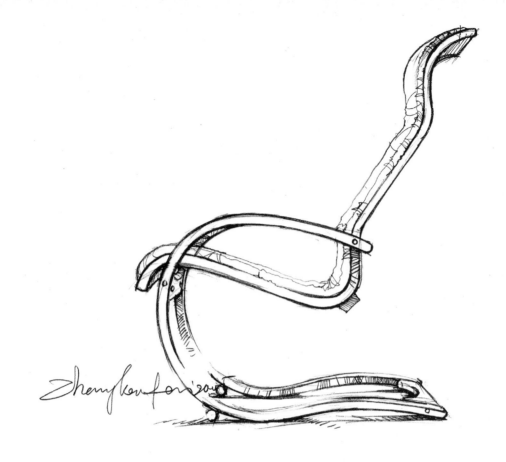

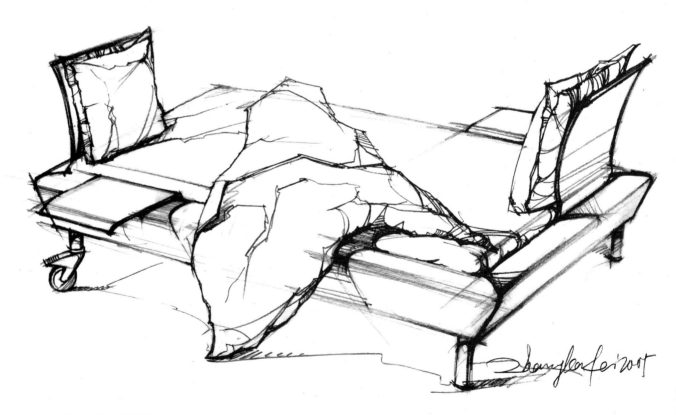

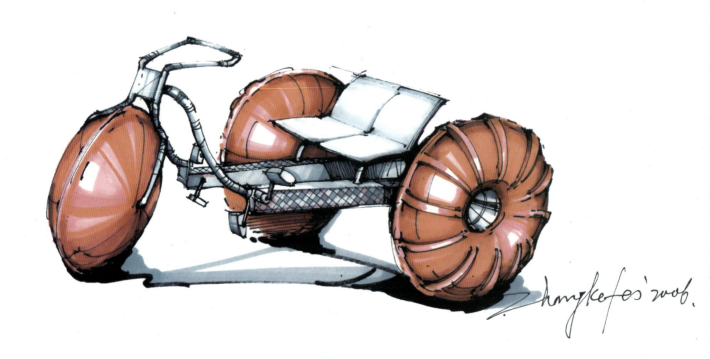

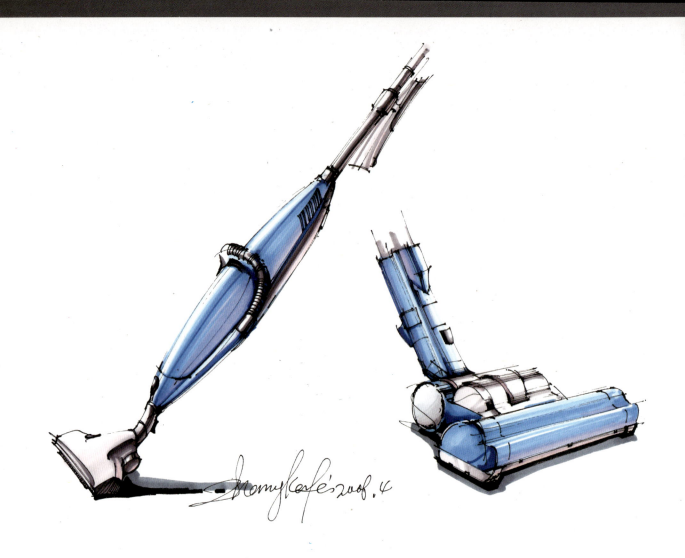

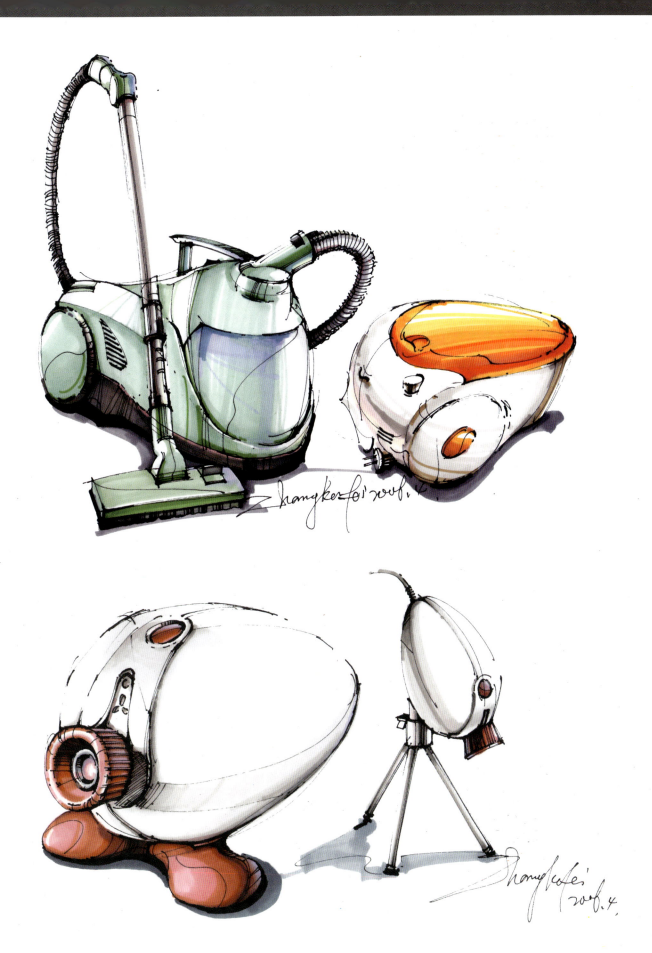

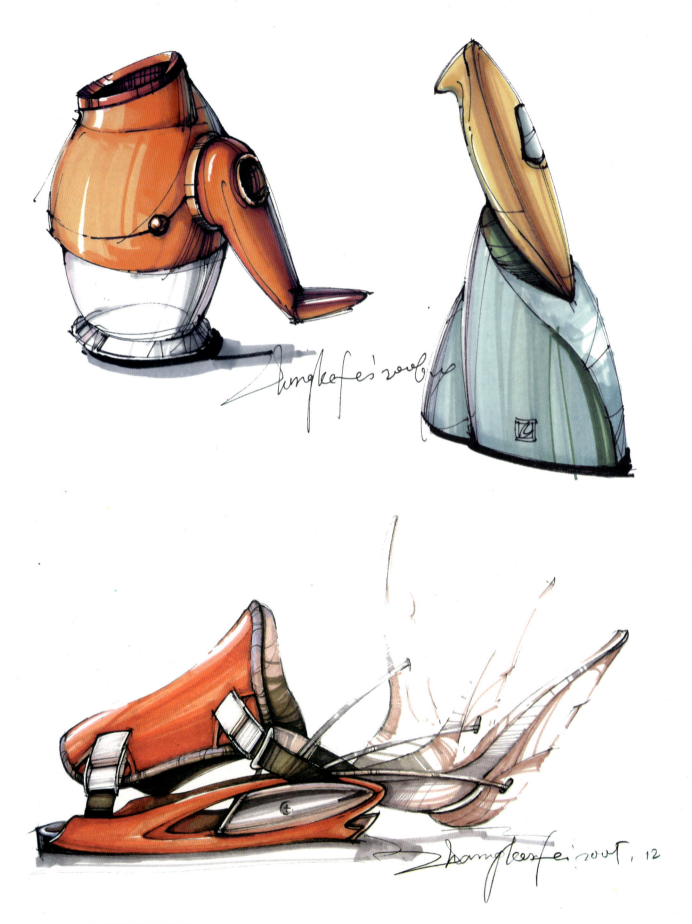

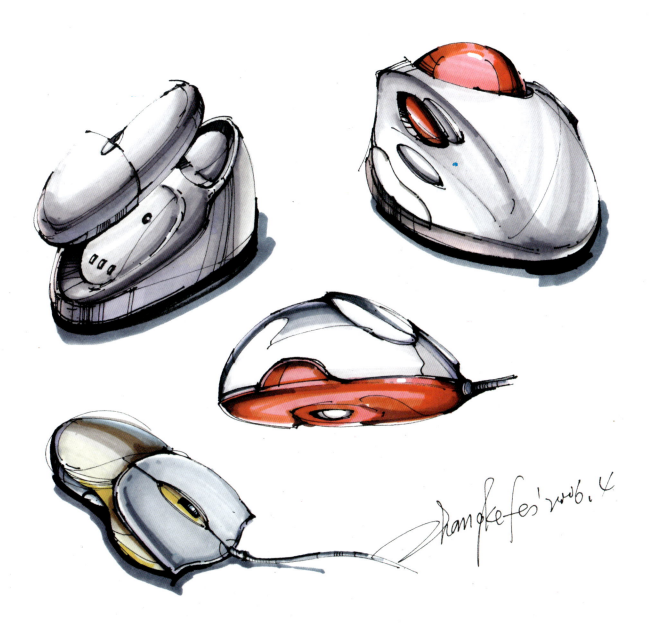

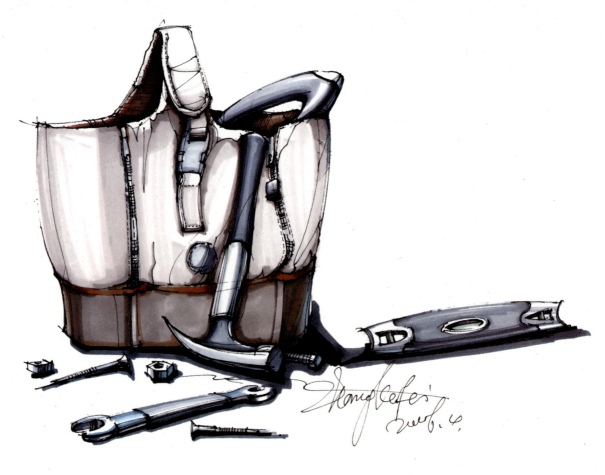

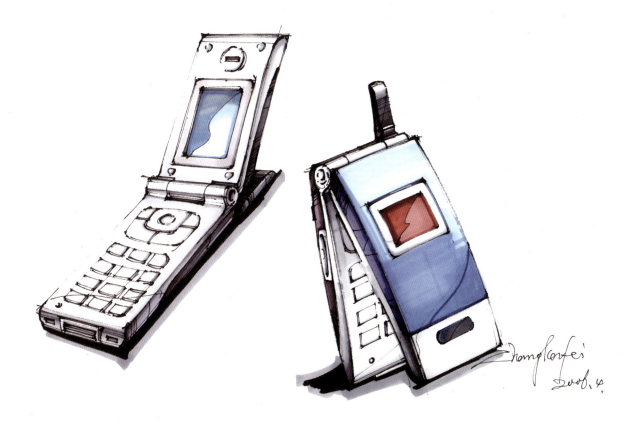

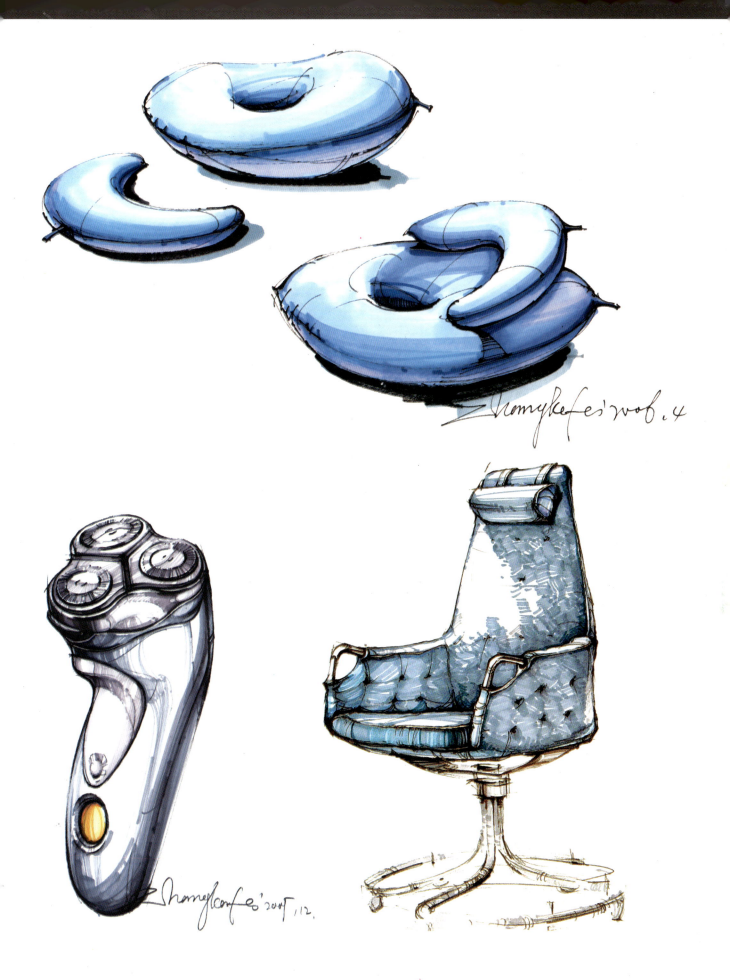

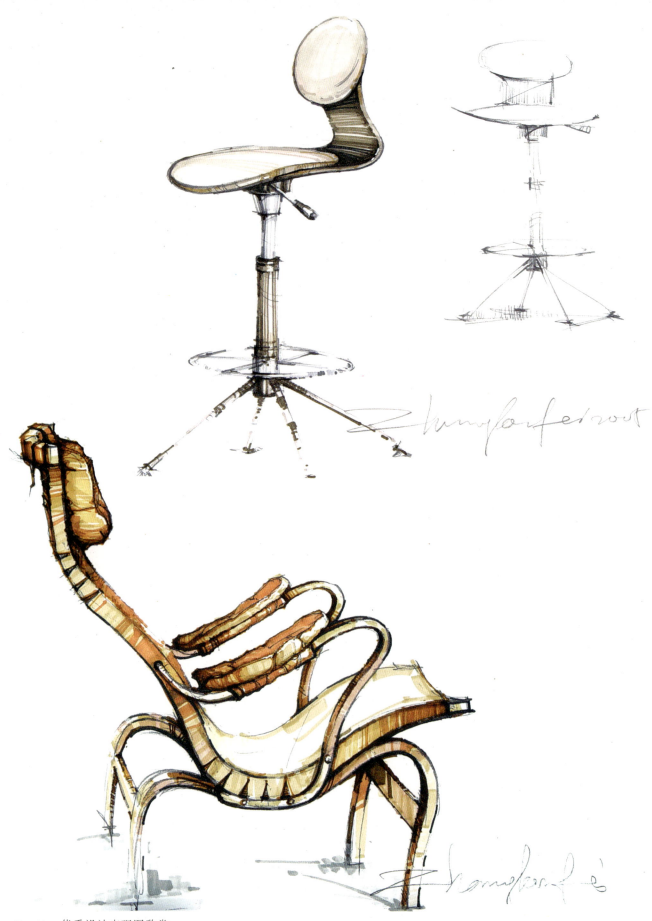

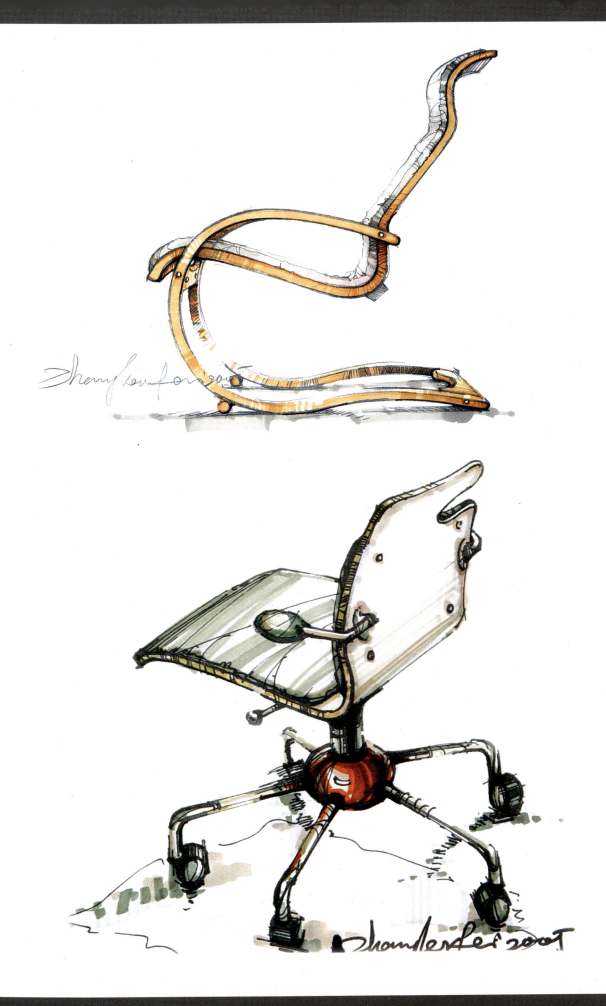

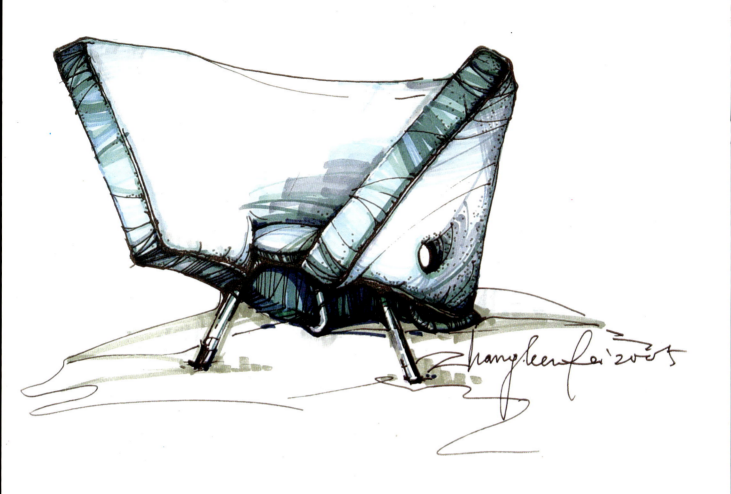

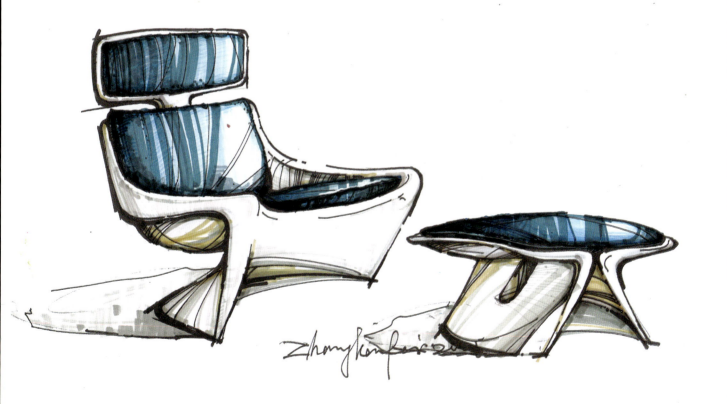

作者简介

鲁迅美术学院工业设计系，副教授、硕士研究生导师。

1983～1987年就读于沈阳鲁迅美术学院工业设计系；本科。
1987年毕业留校任教至今。
担任的主要课程有：室内设计、家具设计、小型产品开发设计、毕业设计指导等。

- 1993年至2004年间的主要作品有：灯具设计系列、办公家具设计系列、中国风家具设计系列、餐车设计系列、餐具设计系列等。

- 1993年至2004年间的主要著作有：辽宁美术出版社1999年出版的《破译效果图表现技法》；辽宁美术出版社2001年出版的《工业设计》及《环艺设计》。《破译效果图表现技法》如今已被沈阳大学、丹东大学等院校作为教材使用。

- 2000年发表的文章有：《美苑》2000年第一期的"坐具设计课作业评点"。

- 2002年发表的文章有：论工业设计系的毕业设计，《美苑》2002年第5期。

- 2004年发表的文章有：20世纪国外家具设计扫描，《美苑》2004年第6期。

- 2000年设计的水晶系列家具曾获辽宁省家具协会颁发的设计创新奖。

- 2002年被聘为第九届全国家具设计大赛的评委。

- 2003年主讲的家具设计课被评为省级优秀课程。

- 2004年被聘为"2004中国家具设计大赛"（全国工商联家具装饰商会）的评委。

- 2005年由北京天天文化艺术有限公司录制的全国八大美术学院设计专业教学系列——"家具设计"，被列入"'十五'国家重点音像出版规划"。

- 2005年设计的"中国风"系列家具入选《中国名校优秀设计——产品造型卷》，由福建美术出版社出版。

- 2006年《家具设计》由辽宁美术出版社出版。

主要参考书目

1.《设计快速表现技法》 ［美］迈克·W·林著　上海人民美术出版社

2.《透视图新技法》 ［美］杰伊·多布林著　黑龙江科学技术出版社